高职化工类
模块化系列教材

化工生产工艺流程认知

刘鹏鹏　主　编
王　燕　　李雪梅　副主编

U0231015

化学工业出版社
·北京·

内 容 简 介

本书结合化工生产实际，对化工企业工作岗位的典型工作任务进行分析，以化工生产工艺流程认知为目标，设计了 5 个模块，依次为识别化工工艺流程、认知设备、认知管路中物料及走向、认知主要工艺参数和认知化工生产工艺流程，从简单到复杂，符合学生认知的规律，可提高学生对化工工艺流程的认知。

本书内容上对接岗位需求，在典型任务中均设置了任务描述、必备知识、任务实施等栏目，模块后还设置了技能训练、拓展阅读，便教易学。

本书可作为高等职业院校化工技术类及相关专业学生的通用教材，也可作为五年制高职和职业技能培训的参考书。

图书在版编目（CIP）数据

化工生产工艺流程认知/刘鹏鹏主编 . —北京：化学工业出版社，2021.8（2024.11重印）
ISBN 978-7-122-39725-6

Ⅰ.①化… Ⅱ.①刘… Ⅲ.①化工过程-生产工艺-高等职业教育-教材 Ⅳ.①TQ02

中国版本图书馆 CIP 数据核字（2021）第 162819 号

责任编辑：提 岩 张双进 文字编辑：崔婷婷 陈小滔
责任校对：王佳伟 装帧设计：王晓宇

出版发行：化学工业出版社（北京市东城区青年湖南街 13 号 邮政编码 100011）
印 装：大厂回族自治县聚鑫印刷有限责任公司
787mm×1092mm 1/16 印张 6½ 字数 148 千字 2024 年 11 月北京第 1 版第 4 次印刷

购书咨询：010-64518888 售后服务：010-64518899
网 址：http://www.cip.com.cn
凡购买本书，如有缺损质量问题，本社销售中心负责调换。

高职化工类模块化系列教材
编 审 委 员 会 名 单

顾　　　问：于红军

主 任 委 员：孙士铸

副主任委员：刘德志　辛　晓　陈雪松

委　　　员：李萍萍　李雪梅　王　强　王　红

韩　宗　刘志刚　李　浩　李玉娟

张新锋

序

目前，我国高等职业教育已进入高质量发展时期，《国家职业教育改革实施方案》明确提出了"三教"（教师、教材、教法）改革的任务。三者之间，教师是根本，教材是基础，教法是途径。东营职业学院石油化工技术专业群在实施"双高计划"建设过程中，结合"三教"改革进行了一系列思考与实践，具体包括以下几方面：

1. 进行模块化课程体系改造

坚持立德树人，基于国家专业教学标准和职业标准，围绕提升教学质量和师资综合能力，以学生综合职业能力提升、职业岗位胜任力培养为前提，持续提高学生可持续发展和全面发展能力。将德国化工工艺员职业标准进行本土化落地，根据职业岗位工作过程的特征和要求整合课程要素，专业群公共课程与专业课程相融合，系统设计课程内容和编排知识点与技能点的组合方式，形成职业通识教育课程、职业岗位基础课程、职业岗位课程、职业技能等级证书（1＋X 证书）课程、职业素质与拓展课程、职业岗位实习课程等融理论教学与实践教学于一体的模块化课程体系。

2. 开发模块化系列教材

结合企业岗位工作过程，在教材内容上突出应用性与实践性，围绕职业能力要求重构知识点与技能点，关注技术发展带来的学习内容和学习方式的变化；结合国家职业教育专业教学资源库建设，不断完善教材形态，对经典的纸质教材进行数字化教学资源配套，形成"纸质教材＋数字化资源"的新形态一体化教材体系；开展以在线开放课程为代表的数字课程建设，不断满足"互联网＋职业教育"的新需求。

3. 实施理实一体化教学

组建结构化课程教学师资团队，把"学以致用"作为课堂教学的起点，以理实一体化实训场所为主，广泛采用案例教学、现场教学、项目教学、讨论式教学等行动导向教学法。教师通过知识传授和技能培养，在真实或仿真的环境中进行教学，引导学生将有用的知识和技能通过反复学习、模仿、练习、实践，实现"做中学、学中做、边做边学、边学边做"，使学生将最新、最能满足企业需要的知识、能力和素养吸收、固化成为自己的学习所得，内化于心、外化于行。

本次高职化工类模块化系列教材的开发，由职教专家、企业一线技术人员、专业教师联合组建系列教材编委会，进而确定每本教材的编写工作组，实施主编负责制，结合化工行业企业工作岗位的职责与操作规范要求，重新梳理知识点与技能点，把职业岗位工作过程与教学内容相结合，进行模块化设计，将课程内容按知识、能力和素质，编排为合理的课程模块。

本套系列教材的编写特点在于以学生职业能力发展为主线，系统规划了不同阶段化工类专业培养对学生的知识与技能、过程与方法、情感态度与价值观等方面的要求，体现了专业教学内容与岗位资格相适应、教学要求与学习兴趣培养相结合，基于实训教学条件建设将理论教学与实践操作真正融合。教材体现了学思结合、知行合一、因材施教，授课教师在完成基本教学要求的情况下，也可结合实际情况增加授课内容的深度和广度。

　　本套系列教材的内容，适合高职学生的认知特点和个性发展，可满足高职化工类专业学生不同学段的教学需要。

高职化工类模块化系列教材编委会

2021 年 1 月

前言

　　本书从高职化工类专业人才培养标准体系出发，以学生职业能力培养为目标，重构教学内容体系，融入培养学生创新精神和自主学习能力的内容，结合企业生产实际、岗位需求以及学校现有实验实训装置，可满足模块化教学的需求，具有较强的应用性与实践性。

　　全书采用模块化教学设计，服务于任务驱动式和理实一体化的教学，实现理论与实践相结合。编写时注重结合化工生产实际，按照学生认知的规律，从简单到复杂，依次设计了识别化工工艺流程、认知设备、认知管路中物料及走向、认知主要工艺参数和认知化工生产工艺流程 5 个模块，可培养学生认知化工工艺流程的能力。

　　本书由东营职业学院刘鹏鹏主编，王燕、李雪梅副主编，刘德志主审。模块一由刘鹏鹏、李雪梅编写，模块二、模块三由王燕、张颖编写，模块四由刘鹏鹏编写，模块五由刘鹏鹏、刘霞编写，全书由刘鹏鹏统稿。在编写过程中，还得到正和集团股份有限公司于西杰等的大力协助，在此一并表示感谢。

　　由于编者水平所限，书中不足之处在所难免，敬请读者批评指正！

编者

2021 年 5 月

目录

目录

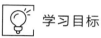 学习目标

知识目标

（1）了解生产工艺流程图的分类。

（2）熟悉生产工艺流程图的构成。

（3）理解生产工艺流程的组成。

（4）理解生产工艺流程中分离常用的方法。

能力目标

（1）能描述和识别生产工艺流程图。

（2）能描述和认知典型生产工艺流程。

素质目标

（1）通过小组合作完成教学任务，培养团结合作的能力。

（2）通过汇报完成教学任务的情况，培养基本的语言和文字表达能力。

 学习要求

能够描述和识别生产工艺流程基本组成，能熟练进行化工生产工艺流程图的识别。

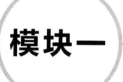

模块一

识别化工
工艺流程

任务一
生产工艺流程图认知

任务描述

　　要学好化工专业，必须了解企业生产现状。因此，要熟悉企业的生产工艺，能认知典型的生产工艺流程图，说出生产工艺流程图的组成部分，识别不同的生产工艺流程图。

　　生产工艺流程图是用来表达化工生产工艺流程的设计文件，是根据投影原理、标准或者有关规定，以形象的图形、符号、代号、文字说明等表示出化工生产装置物料的流向、物料的变化以及工艺控制的全过程。

　　生产工艺流程图是化工工艺人员进行工艺设计的主要内容，也是化工厂进行工艺安装和指导生产的重要技术文件。

一、生产工艺流程图

　　化工生产工艺流程图是一种表示化工生产过程的示意性图样，即按照工艺流程的顺序，将生产中采用的设备和管路从左至右（或从上至下）展开画在同一平面上，并附以必要的标注和说明。它主要表示化工生产中由原料转变为成品或半成品的来龙去脉及使用的设备。根据表达内容的详略，分为方案流程图、物料流程图和施工流程图等。

　　方案流程图是在工艺设计之初提出的一种示意性的流程图，以工艺装置的主项为单元进行绘制。物料流程图是在方案流程图的基础上，完成物料平衡和热量平衡计算时绘制的，采用图形与表格相结合的形式，反映某些设计计算结果的图样。施工流程图通常又称为带控制点工艺流程图，或者工艺管道及仪表流程图，是在方案流程图和物料流程图的基础上绘制的，是内容更为详细的工艺流程图，是设备布置和管路布置的依据，并可供施工安装和生产操作时参考。

工艺流程图一般包括以下内容：

（1）图形　应画出全部设备的示意图和各种物料的流程线，以及阀门、管件、仪表控制点的符号等。

（2）标注　注写设备位号及名称、管段编号、控制点及必要的说明等。

（3）图例　说明阀门、管件、控制点等符号的意义。

（4）标题栏　注写图名、图号及签字等。

二、生产工艺流程图表达方法

方案流程图、物料流程图和带控制点的工艺流程图均属示意性的图样，只需大致按投影和尺寸作图。它们的区别只是内容详略和表达重点的不同，这里着重介绍工艺管道及仪表流程图的表达方法。

1. 设备表示方法

流程图内的设备使用示意性的展开画法，即按照主要物料的流程，从左至右用细实线，按大致比例画出能够显示设备形状特征的主要轮廓。各设备之间要留有适当距离，以便布置连接管路。

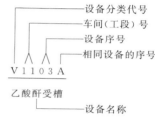

图 1-1　设备位号与名称

每台设备都应编写设备位号并注写设备名称，其标注方法如图 1-1。其中设备位号一般包括设备分类代号、车间或工段号、设备序号等，相同设备以尾号加以区别。设备的分类代号见表 1-1。

表 1-1　设备类别代号

设备类别	塔	泵	工业炉	换热器	反应器	起重设备	压缩机	火炬烟囱	容器	其他机械	其他设备	称量设备
代号	T	P	F	E	R	L	C	S	V	M	X	W

注：本表摘自 HG/T 20519—2019。

2. 管路表示方法

工艺管道及仪表流程图中应画出所有管路，即表示出各种物料的流程线。流程线是工艺流程图的主要表达内容。主要物料的流程线用粗实线表示，其他物料的流程线用中实线表示。

流程线应画成水平或垂直，转弯时画成直角，一般不用斜线或圆弧。流程线交叉时，应将其中一条断开。一般同一物料的流程线线交错时，按流程顺序"先不断、后断"；不同物料的流程线线交错时，主物料线不断，辅助物料线断，即"主不断、辅断"。

每条管线上应画出箭头指明物料流向，并在来、去处用文字说明物料名称及其来源或去向。对每段管路必须标注管路代号，一般来说，横向管路标在管路的上方，竖向管路则标注在管路的左方（字头朝左）。管路代号一般包括物料代号、车间或工段号、管段序号、管径等内容，如图 1-2，必要时，还可注明管路压力等级、管路材料、隔热或隔声等代号。工艺

化工生产工艺流程认知

流程图上管道、管件、阀门的图例见表1-2。

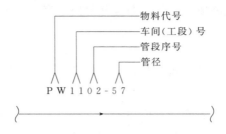

图 1-2　管路代号的标注

表 1-2　工艺流程图上管道、管件、阀门的图例

管道		管件		阀门	
名称	图例	名称	图例	名称	图例
主要物料管道	————	同心异径管	▷	截止阀	⋈
辅助物料管道	————	偏心异径管	(底平)　(顶平)	闸阀	⋈
原有管道	—·—·—·—	管端盲板	——⊢	节流阀	◀▶
仪表管线	————	管端法兰	——‖	球阀	⋈ (带圆圈)
蒸汽伴热管道	————（虚线）	放空管（帽）	(帽)　(管)	旋塞阀	⋈ (带黑点)
电伴热管道	————	漏斗	(敞口)　(封闭)	蝶阀	(方框带点)
夹套管	⊢=⊣　⊢=	视镜	——[○]——	止回阀	(箭头符号)
翅片管	—‖‖‖‖‖—	圆形盲板	(正常开启)　(正常关闭)	角式截止阀	(角阀符号)
柔性管	∿∿∿∿∿	管帽	——▷	三通截止阀	(三通阀符号)

物料代号以大写的英文词头来表示，见表1-3。

表 1-3 物料代号

代号	物料名称	代号	物料名称	代号	物料名称	代号	物料名称
AR	空气	FV	火炬排放气	LO	润滑油	HS	高压蒸汽
AG	气氨	FG	燃料气	LS	低压蒸汽	RO	原油
CA	压缩空气	FO	燃料油	MS	中压蒸汽	RW	原水、新鲜水
BW	锅炉给水	FSL	熔盐	NG	天然气	SC	蒸汽冷凝水
DNW	脱盐水	GO	填料油	N	氮	SL	泥浆
CSW	化学污水	H	氢	O	氧	SO	密封油
CWS	循环冷却水上水	CWR	循环冷却水回水	PA	工艺空气	SW	软水
DW	自来水、生活用水	IA	仪表空气	PG	工艺气体	TS	伴热蒸汽
PW	工艺水	VT	放空	PL	工艺液体	VE	真空排放气

3. 阀门及管件表示方法

化工生产中需要使用大量各种阀门，来实现对管路内的流体进行开、关及流量控制、止回、安全保护等功能。在流程图上，阀门及管件用细实线按规定的符号在相应处画出。

4. 仪表控制点表示方法

化工生产过程中，需对管路或设备内不同位置、不同时间内流经的物料的压力、温度、流量、液位等参数进行测量、控制或取样分析。在工艺管道及仪表流程图中，仪表控制点用符号表示，并从其安装位置引出。符号包括图形符号和仪表位号，它们组合起来表达仪表功能、被测变量和检测方法等。

（1）图形符号　控制点的图形符号用一个细实线的圆（直径约 10mm）表示，并用细实线连向设备或管路上的测量点，如图1-3。图形符号上还可表示仪表不同的安装位置，如图1-4。

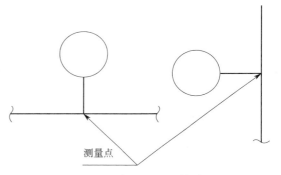

图 1-3　仪表的图形符号

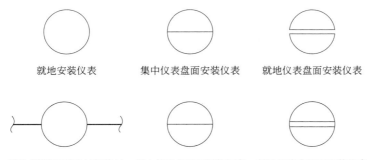

就地安装仪表　　集中仪表盘面安装仪表　　就地仪表盘面安装仪表

就地安装仪表(嵌在管道中)　集中仪表盘后面安装仪表　就地仪表盘后面安装仪表

图 1-4　仪表安装位置的图形符号

（2）仪表位号　仪表位号由字母与阿拉伯数字组成，第一位字母表示被测变量，后一位字母表示仪表的功能，一般用三位或四位数字表示工段号和仪表序号，如图1-5。被测变量及仪表功能的字母组合示例，见表1-4。

在图形符号中，字母填写在圆圈内的上部，数字填写在下部，如图 1-6。

图 1-5　仪表位号的组成　　　　　　　图 1-6　仪表位号的标注方法

表 1-4　被测变量及仪表功能的字母组合示例

项目	温度	温差	压力或真空	压差	流量	流量比率	分析	密度	黏度
指示	TI	TdI	PI	PdI	FI	FfI	AI	DI	VI
指示、控制	TIC	TdIC	PIC	PdIC	FIC	FfIC	AIC	DIC	VIC
指示、报警	TIA	TdIA	PIA	PdIA	FIA	FfIA	AIA	DIA	VIA
指示、开关	TIS	TdIS	PIS	PdIS	FIS	FfIS	AIS	DIS	VIS
记录	TR	TdR	PR	PdR	FR	FfR	AR	DR	VR
记录、控制	TRC	TdRC	PRC	PdRC	FRC	FfRC	ARC	DRC	VRC
记录、报警	TRA	TdRA	PRA	PdRA	FRA	FfRA	ARA	DRA	VRA
记录、开关	TRS	TdRS	PRS	PdRS	FRS	FfRS	ARS	DRS	VRS
控制	TC	TdC	PC	PdC	FC	FfC	AC	DC	VC
控制、变速	TCT	TdCT	PCT	PdCT	FCT	—	ACT	DCT	VCT

【活动 1-1】　思考图 1-7、图 1-8 属于哪种生产工艺流程图，完成表 1-5 和表 1-6。

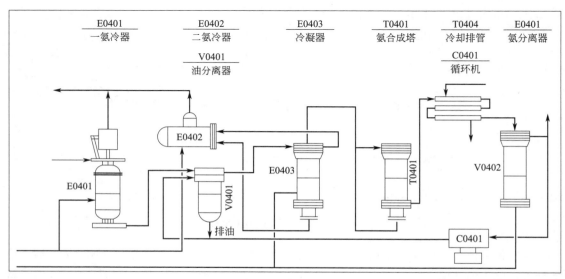

图 1-7　工艺流程图 1

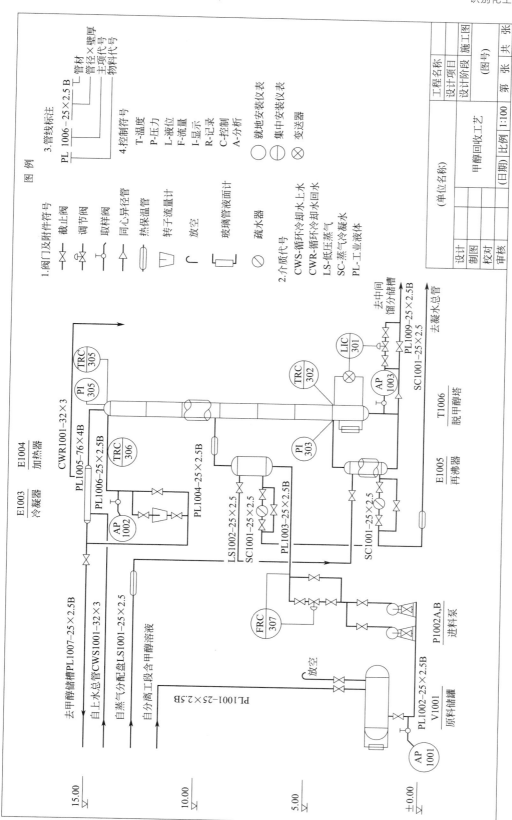

图 1-8 工艺流程图 2

化工生产工艺流程认知

表 1-5　识读工艺流程图 1

工艺流程图种类	设备名称	设备位号

表 1-6　识读工艺流程图 2

工艺流程图种类	设备名称及位号	仪表位号及被测变量

任务二
生产工艺流程认知

任务描述

　　要熟悉企业的生产工艺，能认知生产工艺流程，能说出典型的生产工艺流程内的预处理、产品制备、产品的分离与精制等工序，能描述不同工段的作用。

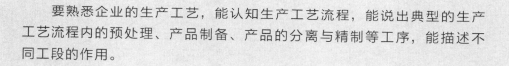

　　一种产品在生产的过程中，从原料变为成品，往往需要几个甚至几十个加工过程，这些过程就是化学工艺的生产过程，简称化工过程。

　　无论哪种化工产品的生产，都会按照一定的规律组成生产系统，这个系统由化学过程和物理过程构成，就是说物料只有通过化学和物理的加工方法，才能转化成合格的化工产品。

　　从原料开始，物料流经一系列有管道连接的设备，经过包括物质和能量转换的加工，最后得到预期的产品。将实施这些转换所需要的一系列功能单元和设备有机组合的次序和方式，称为化工工艺流程，简称工艺流程。图 1-9 为常减压蒸馏工艺流程。图 1-10 为生产工艺流程的基本组成。

一、原料预处理

　　由于化工生产是以化学反应为主体的加工过程，化工过程都是以化学反应过程为中心。为了更好地满足化工反应过程的需求，往往需要对原料进行预处理，如固体原料的粉碎、混合、溶解，气体原料的净化、加压、加热，液体原料的加热、过滤等。

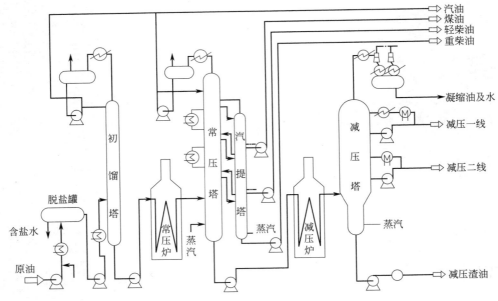

图 1-9　常减压蒸馏工艺流程

图 1-10　生产工艺流程的基本组成

在化学反应过程中原料一般难以全部转化为目的产物，反应产物中会有若干反应的原料和副产物。为了得到所需纯度的产物，还必须进行后处理和分离提纯，如固体产品的结晶、干燥；气体产品的冷却、吸收；液体产品的精馏、萃取等。有时，为了经济上合理，未反应的物料还需进行分离回收，以便循环使用。

二、产品制备

产品制备的过程即化学反应过程。化工反应类型不同，有吸热反应和放热反应；有可逆反应和不可逆反应；有的反应需要在高温高压下进行，有的需要在催化剂作用下才能反应，还有气相反应、液相反应及多相反应等。

根据化学反应的特点和工艺条件，不同化工反应过程可供选择的反应器类型与结构也多种多样。构成原料预处理和产品分离系统的单元操作及设备极其复杂，所以化工过程千变万化。而这些化工过程，其相同之处是都由为数不多的一些化学处理过程（如氧化、还原、加氢、缩合、硝化、卤化等）和物理处理过程（如换热、吸收、蒸馏、过滤等）组成；其不同之处在于组成各过程的单元过程和单元操作不同，而且这些单元组合的次序和方式，以及设备的类型和结构也各不相同。

三、产物分离与精制

产物的分离与精制过程主要是将反应生成的产物从系统中分离出来，进行提纯和精制，从而得到目的产物，尽可能实现原料或溶剂等物料的循环使用。常用的分离方法见表1-7。

表 1-7　常用的分离方法

分离方法	进料状态	分离介质或参数变化	分离原理
精馏	液相、气液相	热量传递	挥发度的不同
共沸精馏	液相、气液相	热量传递和液体共沸剂	挥发度的不同
萃取精馏	液相、气液相	热量传递和液体溶剂	挥发度的不同
平衡闪蒸	液相、气液相	热量传递或降低压力	挥发度的不同
吸收	气相	液体吸收剂	溶解度的不同
吸附	气相、液相	固体吸附剂	吸收能力的不同
萃取	液相	液体溶剂	溶解度的不同
结晶	液相	热量传递	溶解度的不同
膜分离	气相、液相	膜	渗透压或溶解度的不同
凝聚	气相	冷量传递	选择性的凝聚
干燥	固相、液固相	热量传递和气体	挥发度的不同

任务
实施

【活动 1-2】　分析图 1-11，此工艺流程中的预处理部分包含哪几个工段？填入表 1-8。

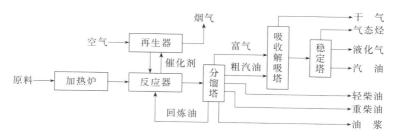

图 1-11　催化裂化方框流程图

表 1-8　预处理部分的工段

序号	工段名称	作用
1		

【活动 1-3】　分析图 1-11，此工艺流程中的反应部分包含哪几个工段？填入表 1-9。

表 1-9　反应部分的工段

序号	工段名称	作用
1		
2		

012

化工生产工艺流程认知

【活动 1-4】 分析图 1-11，此工艺流程中的产品分离部分包含哪几个工段？填入表 1-10。

表 1-10　产品分离部分的工段

序号	工段名称	作用
1		
2		
3		

 技能训练

1. 阅读图 1-12，说明它属于哪种工艺流程图，完成表 1-11。

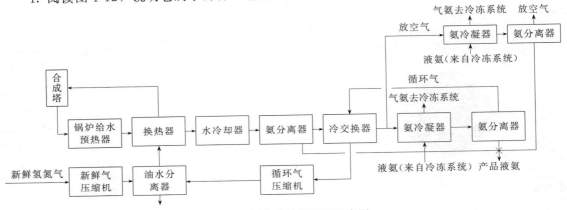

图 1-12　氨合成过程流程示意图

表 1-11　氨合成工段

序号	工段名称	
1		新鲜气压缩机
2	预处理	
3		
4		
5	反应	
6		
7		
8	产品分离与精制	
9		
10		
11		

2. 阅读图 1-13，完成表 1-12。

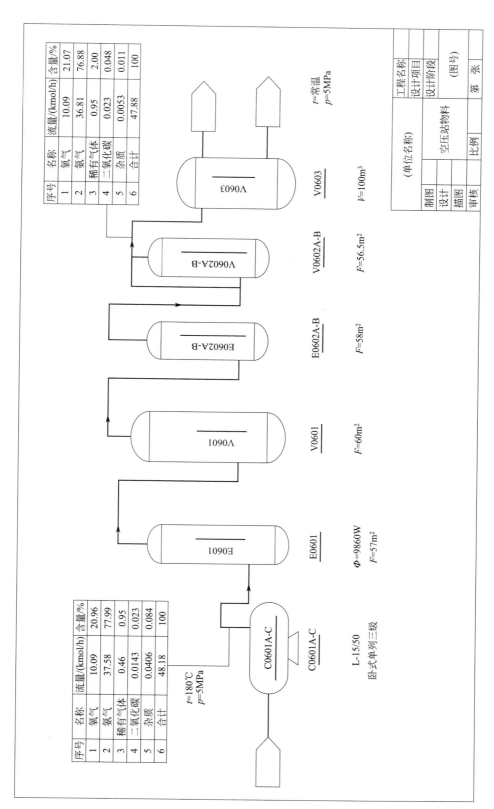

序号	名称	流量/(kmol/h)	含量/%
1	氧气	10.09	21.07
2	氮气	36.81	76.88
3	稀有气体	0.95	2.00
4	二氧化碳	0.023	0.048
5	杂质	0.0053	0.011
6	合计	47.88	100

V0603
t=常温
p=5MPa
V=100m³

V0602A-B
F=56.5m²

E0602A-B
F=58m²

V0601
F=60m²

E0601
Φ=9860W
F=57m²

序号	名称	流量/(kmol/h)	含量/%
1	氧气	10.09	20.96
2	氮气	37.58	77.99
3	稀有气体	0.46	0.95
4	二氧化碳	0.0143	0.023
5	杂质	0.0406	0.084
6	合计	48.18	100

C0601A-C
L-15/50
卧式单列三级

t=180℃
p=5MPa

图 1-13　空压站工艺流程图

工程名称				
设计项目				
设计阶段				
(单位名称)		(图号)		
	空压站物料	第　张		
制图		比例		
设计				
描图				
审核				

表 1-12　识读空压站工艺流程图

工艺流程图种类	设备名称	设备位号	物料名称

 拓展阅读

　　在中国近代企业家中，范旭东是个拓荒者。1911 年，范旭东放弃了已在日本获得的大学助教职位，回到了阔别 12 年的祖国。回国后，他决定利用自己所学，改良国内的盐质，"使人民有干净的盐吃，有便宜的盐吃。"终于，他于 1913 年制出了精盐，并联合有志之士共同成立久大精盐公司。

　　碱被称为"化学工业之母"，许多生活用品如肥皂、纸张、玻璃等生产均需要碱。当时在中国垄断纯碱市场的是英国公司。欧战爆发后，远洋运输困难。英商乘机将纯碱价钱抬高七八倍，甚至捂住不卖，使许多民族企业生产陷入停顿，物价飞涨。有鉴于此，范旭东萌发了用盐制碱的想法。

　　然而，纯碱的制法被称为世界级的难题，欧美等国的科学家也是经过几十年的研究方才掌握了这一技术。

　　1918 年 11 月，永利制碱公司在天津创立。1924 年 8 月，永利投入 200 万元，终于产出了第一批碱制品。可是，令人失望的是，这批碱制品是红黑相间的劣质碱。消息传出，外国公司发出一阵嘲笑之声。范旭东并不灰心，在巨大压力下，仍然咬牙坚持。

　　1926 年 6 月，永利制碱公司生产出了纯碱，打破了洋人对制碱技术的封锁。两个月后，永利"红三角"牌中国纯碱在美国费城万国博览会获得金奖，震动了整个世界化工业，被西方人誉为"中国近代工业进步之象征"。

　　"七七事变"后，范旭东和他的化工厂因能生产化工产品和军需物资，让日本人心生觊觎。塘沽沦陷后，日军把"久大""永利"两厂包围，派出代表，要求合作，遭到严词拒绝，结果被强行接管。范旭东说："宁肯为工厂开追悼会，也坚决不与侵略者合作。"

　　1937 年末，范旭东将制碱厂和硫酸厂都迁移到四川"新塘沽"，积极为抗战提供军需物资。此时永利面临的巨大难题在于抗战前一直使用的是用廉价海盐作为原料的苏尔维制碱法，而在四川只能使用昂贵的井盐。

　　为了有效地利用井盐制碱，范旭东组织技术人员，在极端困难的条件下自行研制新的制碱技术。后在香港、上海法租界和乐山五通桥等地进行了无数次试验，终于成功研究出自己的专利技术——"侯氏联合制碱法"，标志着世界制碱工艺史上的重大突破。

　　1922 年 8 月，范旭东创办了黄海化学工业研究社，这是中国"私人企业中设立的第一个化工研究机关"。他不仅用高薪聘请技术专家，还培养自己的人才团队，在黄海研究社成立后不到十年的时间里，范旭东聚集和培养了三百多名化工技术人才，这些人在新中国成立以后，成为建设化学工业的技术骨干。

模块二

认知设备

 学习目标

知识目标

（1）了解方案流程图的内容。

（2）掌握方案流程图的阅读方法。

（3）掌握精馏装置中的流体输送设备。

（4）掌握精馏装置中的传热设备。

（5）掌握精馏装置中的分离设备。

（6）掌握精馏装置工艺流程。

（7）理解精馏工艺原理。

能力目标

（1）能对照现场装置查找描述出输送设备、传热设备和分离设备，并说出它们的结构及工作原理。

（2）能结合现场装置的流程绘制出方案流程图。

素质目标

（1）具有团队精神：能够分小组完成学习任务。

（2）具有基本的语言和文字表达能力：能够描述装置工艺流程。

 学习要求

结合典型精馏装置，能够在现场找出精馏流程的输送设备、传热设备和分离设备，描述其作用。能结合现场精馏装置绘制出精馏装置方案流程图。

任务一
认知流体输送设备

在化工生产中，常常需要使用流体输送设备将一定量的流体进行远距离输送，从低处送至高处、从低压设备向高压设备输送。要认知化工生产流程，需要认知流体输送设备。以精馏装置为例，能根据各种输送设备的特点及应用场合，说出典型化工装置中输送设备的类型、结构及作用。

说一说

观察现场精馏装置，如图 2-1 所示，试说出精馏装置中包含哪些设备。

图 2-1　精馏装置现场图

必备
知识

一、液体输送设备

实际生产过程中，由于被输送液体的性质相差悬殊，对扬程和流量的要求也千变万化。为了适应实际需要，设计和制造出的离心泵也种类多样。

各种类型的泵按其结构特性各成为一个系列，每个系列中各有不同的规格，用不同的字母和数字加以区别。分类如下：

1. 水泵

用于输送工业用水，锅炉给水，地下水及物理、化学性质与水相近的清洁液体。图 2-2 为单级双吸式离心泵，图 2-3 为多级离心泵。

（1）IS 型　当压头不太高、流量不太大时，采用单级单吸悬臂式离心泵，系列代号为 IS。扬程为 8～98m，流量为 $4.5～360m^3/h$。

（2）S 型　当要求的流量很大时，可采用双吸式离心泵。其系列代号为 S 型、SH 型，但 S 型泵是 SH 型泵的更新产品，其工作性能比 SH 型泵优越，效率和扬程均有提高。S 型泵的型号如 100S90A，其中，100 表示吸入口的直径为 100mm，90 表示设计点的扬程为 90m，A 指泵的叶轮经过一次切割。

（3）D 型　当压头较高、流量不太大时，采用多级泵，系列代号为 D。叶轮一般 2～9 个，多达 12 个。扬程为 14～351m，流量为 $10.8～850m^3/h$。其型号如 100D45×4，其中 100 表示吸入口的直径为 100mm，45 表示每一级的扬程为 45m，4 为泵的级数。

图 2-2　单级双吸式离心泵

图 2-3　多级离心泵

2. 油泵

油泵是用于输送易燃易爆的石油化工产品的泵，分单吸和双吸两种，其系列号分别为"Y"和"YS"。其扬程范围为 60～603m，流量为 $6.25～500m^3/h$。图 2-4 为油泵。

3. 耐腐蚀泵

用于输送酸、碱、盐等腐蚀性液体的泵称为耐腐蚀泵，系列代号为 F，如图 2-5 所示。用玻璃、橡胶和陶瓷等材料制造的小型耐腐蚀泵，不在 F 泵的系列中。

F 型泵的型号中在 F 之后加上材料代号，如 80FS24，其中，80 表示吸入口的直径为 80mm，S 为材料聚三氟氯乙烯塑料的代号，24 表示设计点的扬程为 24m，其他材料代号可查有关手册。

图 2-4　油泵

图 2-5　耐腐蚀泵

4. 杂质泵

经常输送含有固体杂质的污液的实际工作中，需要使用耐磨材料制造的杂质泵，系列代号为 P。杂质泵类型很多，根据其具体用途分为污水泵 PW、砂泵 PS、泥浆泵 PN 等，可根据需要选择。

此类泵大多采用敞开式叶轮或半闭式叶轮，叶片少，流道宽，在某些使用场合不固定而采用可移动式。

5. 磁力泵

磁力泵用于输送不含固体颗粒的酸、碱、盐溶液，易燃、易爆液体，挥发性液体和有毒液体等介质时，使用磁力泵。磁力泵的系列代号为 C，全系列流量范围为 $0.1 \sim 100 \text{m}^3/\text{h}$，扬程为 $1.2 \sim 100 \text{m}$。

磁力泵是一种高效节能的特种离心泵，其结构特点是通过一对永久磁性联轴器将电机力矩透过隔板和气隙传递给一个密封容器，带动叶轮旋转。其特点是没有轴封、不泄漏、转动时无摩擦，因此安全节能。

1. 读图 2-6 化工生产常用泵，填表 2-1。

①

②

图 2-6　化工生产常用泵

表 2-1　化工生产常用泵一览表

类型	计量泵	往复泵	螺杆泵	齿轮泵	屏蔽泵	旋涡泵	液下泵	喷射泵
泵号								
结构								
用途								

2. 根据各种泵的特点及应用场合，说出精馏装置中泵的类型、结构及作用。

二、气体输送机械

气体输送机械在化工生产中应用广泛，其结构和原理与液体输送机械大致相同，也包括离心式、往复式、旋转式和流体作用式等类型。

1. 离心式通风机

工业上常用的通风机主要有离心式通风机和轴流式通风机两种型式。离心式通风机多用于气体输送；轴流式通风机因所产生的风压较小，一般只作通风换气之用。

图 2-7 为离心式通风机。它外形似蜗壳，中、低压通风机的出口的截面多为方形，高压的多为圆形。图 2-8 为低压通风机所用的平叶片叶轮。中、高压通风机的叶片是弯曲的，因此，高压通风机的外形与结构更像单级离心泵。

图 2-7　离心式通风机　　　　　　　　图 2-8　低压通风机的叶轮

2. 离心式压缩机

离心式压缩机又称透平压缩机，如图 2-9 所示。其体积小，排气量大而均匀，压缩气体绝对无油，非常适宜处理那些不宜与油接触的气体。

图 2-9　离心式压缩机

离心式压缩机都是多级的，通常在 10 级以上，且叶轮转速高，一般在 5000r/min 以上，可以产生很高的出口压力。

3. 往复式压缩机

往复式压缩机如图 2-10 所示，主要部件有气缸、活塞、吸气阀和排气阀。一般附设冷却装置。

4. 罗茨鼓风机

罗茨鼓风机如图 2-11 所示，罗茨鼓风机的出口应安装气体稳压罐（缓冲罐），并配置安全阀。出口阀门不能完全关闭，一般采用回流支路调节流量。

图 2-10　往复式压缩机

图 2-11　罗茨鼓风机

5. 往复式真空泵、水环式真空泵

图 2-12 为往复式真空泵（又称活塞式真空泵）。往复式真空泵是干式真空泵，它是依靠汽缸内的活塞做往复运动来吸入和排出气体的。图 2-13 为水环式真空泵。该真空泵抽放负压高、流量小，适用于抽放量不大、要求抽放负压高的矿井使用。

图 2-12　往复式真空泵

图 2-13　水环式真空泵

【活动 2-1】　精馏装置"摸"输送设备。根据图纸查找工艺设备，对照现场装置查找输送设备并描述输送设备名称及位置。填写表 2-2。

表 2-2　精馏装置输送设备表

序号	输送设备名称	个数	设备位号	设备作用
1				
2				
3				
4				
5				

任务二
认知传热设备

任务描述

　　化工生产过程中，化学反应过程和物料处理阶段需要热量的转换，而实现物料之间热量转换的设备就是传热设备。以精馏装置为例，能根据各种传热设备的特点及应用场合，说出典型化工装置中传热设备的类型、结构及作用。

必备
知识

　　换热器是石油化工生产中重要的设备之一，它可用作加热器、冷却器、冷凝器、蒸发器和再沸器等，应用十分广泛。换热器有各种形式，但就冷、热两流体间热交换的方式而言，换热器可分为直接混合式、蓄热式和间壁式三类。

　　由于生产中大多数情况下不允许冷、热两流体在换热的过程中混合，故以间壁式换热器最为普遍。

一、管式换热器

1. 蛇管换热器

　　换热管是用金属管弯制成蛇的形状，所以称蛇管，如图 2-14 所示。蛇管换热器有两种形式，沉浸式和喷淋式换热器。

　　(1) 沉浸式换热器　沉浸式换热器如图 2-15 所示，蛇管安装在容器中液面以下，容器中流动的液体与蛇管中的流体进行热量交换。其优点是结构简单，适用于管内流体为高压或腐蚀性流体，常在容器中安装搅拌器。

化工生产工艺流程认知

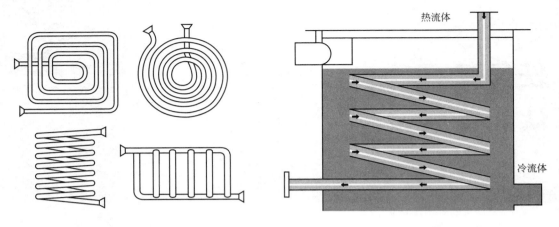

图 2-14　蛇管的形状　　　　　　　图 2-15　沉浸式换热器

　　(2) 喷淋式换热器　喷淋式换热器如图 2-16 所示，喷淋式换热器冷却用水进入排管上方的水槽，经水槽的齿形上沿均匀分布，向下依次流经各层管子表面，最后收集于水池中。管内热流体下进上出，与冷却水作逆流流动，进行热量交换。喷淋式换热器用于管内高压流体的冷却。

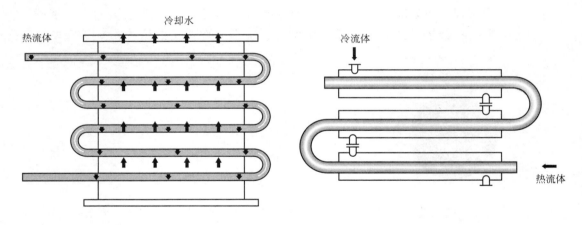

图 2-16　喷淋式换热器　　　　　　图 2-17　套管式换热器

　　喷淋式换热器一般安装在室外，冷却水被加热时会有部分汽化，带走一部分汽化热，提高传热速率。其结构简单，管外清洗容易，但占用空间较大。

　　2. 套管式换热器

　　套管式换热器是由两种不同直径的直管套在一起，制成若干根同心套管。相邻两个外管用接管串联，相邻内管用 U 形弯头串联，如图 2-17 所示。一种流体在内管中流动，另一流体在内管与外管之间的环隙中流动。

　　套管式换热器结构简单，能耐高压。根据传热的需要，可以增减串联的套管数目。其缺点是单位传热面的金属消耗量较大。当流体压力较高流量不大时，采用套管式换热器较为合适。

　　3. 热管式换热器

　　热管是一种具有高导热性能的传热组件，以热管为传热元件的换热器具有传热效率高、结构紧凑、流体阻损小、有利于控制露点腐蚀等优点。

热管式换热器是在长方形壳体中安装许多热管，壳体中间有隔板，将高温气体与低温气体隔开，如图 2-18 所示。在金属热管外表面装有翅片，以增加传热面积；载热体可用液氮、液氨、甲醇、水及液态金属钾、钠、水银等物质，应用的温度范围可达 200～2000℃。其箱式结构如图 2-19 所示。

图 2-18　热管式换热器

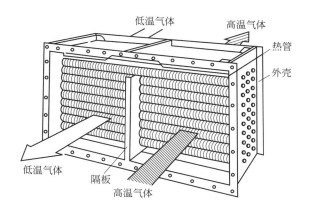

图 2-19　热管箱式换热器箱式结构

4. 翅片管式换热器

翅片管式换热器是在普通的金属管的内表面或外表面安装各种翅片而制成。常见的几种翅片管形式如图 2-20 所示。

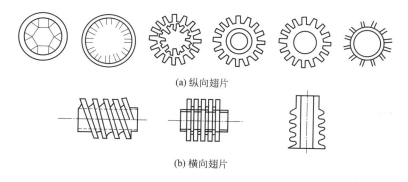

图 2-20　常见的几种翅片管形式

5. 列管式换热器

列管式换热器又称管壳式换热器，是目前石油化工生产中应用最广泛的一种换热器，在高温、高压和大型装置中应用更为普遍。

根据采取热补偿的措施不同，列管式换热器常有以下三种基本形式。

（1）固定管板式换热器　这种换热器主要由壳体、管束、管板（又称花板）、封头和折流挡板等部件组成。为提高管程的流体流速，可采用多管程。单壳程、单管程列管式换热器结构如图 2-21 所示。

当温差较大时，通常采用浮头式或 U 形管式换热器。

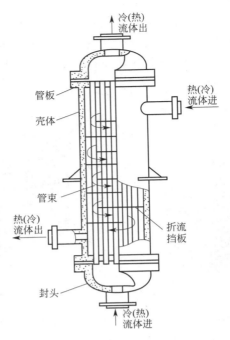

图 2-21　列管式换热器结构

（2）浮头式换热器　浮头式换热器有一端管板不与壳体相连，可沿轴向自由伸缩，在清洗和检修时，整个管束可以从壳体中抽出，维修方便，如图 2-22 所示。这种换热器虽然结构较复杂，造价较高，但是应用仍然较普遍。

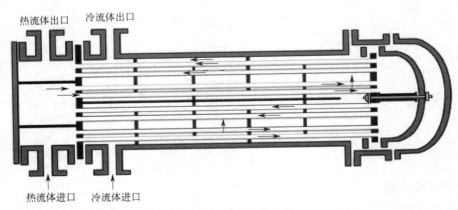

图 2-22　浮头式换热器

（3）U 形管式换热器　U 形管式换热器每根管子都弯成 U 形，U 形两端固定在同一块管板上，如图 2-23 所示。U 形管式换热器适用于管、壳程温差较大或壳程介质易结垢而管程介质不易结垢的场合。其结构简单，只有一个管板，密封面少，运行可靠，造价低；管间清洗较方便，但是管内清洗较困难；可排列的管子数目较少；管束最内层管间距大，壳程易短路。

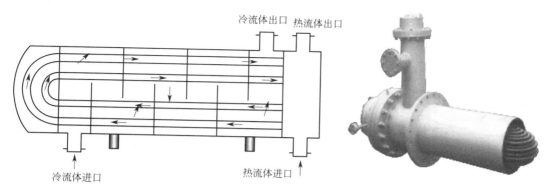

图 2-23　U 形管式换热器

二、板式换热器

1. 螺旋板式换热器

螺旋板式换热器是由两张平行且保持一定间距的钢板卷制而成，其外形结构呈螺旋形状，如图 2-24 所示。其优点是结构紧凑，传热性能较好。但操作压力不能超过 2MPa，流体温度不能太高，一般在 350℃以下。

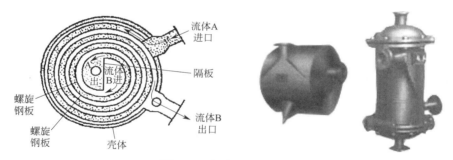

图 2-24　螺旋板式换热器

2. 平板式换热器

平板式换热器是由一组平行排列的长方形薄金属板构成的，并用夹紧装置组装在支架上，其结构紧凑，如图 2-25 所示。

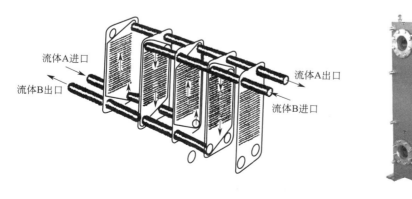

图 2-25　平板式换热器

平板式换热器的主要优点是总传热系数大；结构紧凑，单位体积提供的传热面积可达 $250\sim1000\mathrm{m}^2$，约为列管式换热器的 6 倍；操作灵活，通过调节板片数来增减传热面积；安装、检修及清洗方便。

主要缺点是允许的操作压力较低，最高不超过 2MPa；操作温度受板间的密封材料限制，若采用合成橡胶垫，流体温度不能超过 130℃，即使采用压缩石棉垫，流体温度也应低于 250℃。

3. 板翅式换热器

板翅式换热器是由若干个板翅单元体和焊到单元体板束上进、出口的集流箱组成的，一组波纹状翅片装在两块平板之间，平板两侧用封条密封构成单元体，如图 2-26 所示。

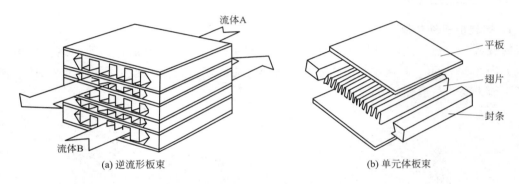

图 2-26　板翅式换热器

板翅式换热器的主要优点是单位体积的传热面积大，传热效率高，轻巧牢固，强度较高，承受压力可达 5MPa。其主要缺点是流道较小，对物料的清洁度高，易堵塞，清洗困难；构造较复杂，内漏后很难修复。

【活动 2-2】　精馏装置"摸"传热设备。根据图纸查找工艺设备，对照现场装置查找传热设备并描述传热设备名称及位置。填写表 2-3。

表 2-3　精馏装置传热设备表

序号	传热设备名称	个数	设备位号	设备作用
1				
2				
3				

任务三
认知分离设备

任务描述

　　化工生产过程中，原料预处理和产品分离与精制阶段会需要分离出不同组分。在化工工艺中，分离设备起着提纯组分或者清除杂质的重要作用。以精馏装置为例，能根据各种分离设备的特点及应用场合，说出典型化工装置中分离设备的类型、结构及作用。

必备知识

　　板式塔在工业中广泛应用于精馏和吸收，有些类型（如筛板塔）也用于萃取，还可作为反应器用于气液相反应过程。

一、泡罩塔

　　泡罩塔塔板上的主要部件是泡罩，如图 2-27 所示。泡罩的制造材料主要有碳钢、合金

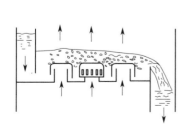

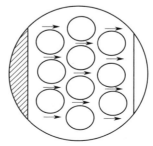

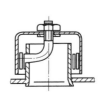

(a) 泡罩塔塔板操作示意图　　　　　(b) 泡罩塔塔板平面图　　　　　(c) 圆形泡罩

图 2-27　泡罩塔塔板

钢、不锈钢、铜、铝等，特殊情况下亦可用陶瓷以便防腐蚀。

泡罩塔不易发生漏液现象；操作弹性较大，塔板不易堵塞；对各种物料的适应性强。但因其结构复杂，生产能力及板效率较低，已逐渐被筛板、浮阀塔所取代，在新建塔设备中已很少采用。

二、筛板塔

筛孔塔板简称筛板，结构如图 2-28 所示。塔板上开有许多均匀的小孔（筛孔），孔径一般为 3~8mm，以 4~5mm 较常用。筛板多用不锈钢或合金钢板制成，使用碳钢者较少。

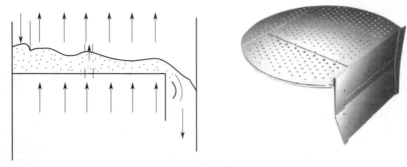

图 2-28 筛板

筛板塔的优点是结构简单，金属耗量低，生产能力比泡罩塔高 10%~15%，板效率亦高 10%~15%，而板压压降则低 30% 左右。其缺点是操作弹性小，易发生漏液；筛孔易堵塞，不适宜处理易结焦、黏度大的物料。

三、浮阀塔

浮阀塔板的结构是在塔板上开有若干个阀孔，每个阀孔装有一个浮阀。图 2-29 为 F1 型

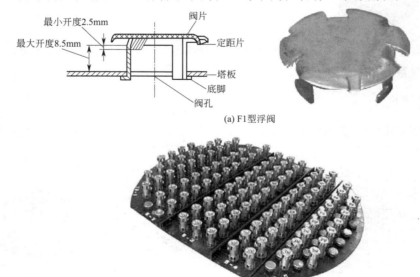

(a) F1型浮阀

(b) 双流喷射型浮阀

图 2-29 浮阀的主要型式

浮阀和双流喷射型浮阀。

浮阀塔的优点是生产能力大，比泡罩塔板大 20％～40％，与筛板相近；操作弹性大，塔板效率高，气体压强降与液体液面落差较小；造价低，为相同生产能力泡罩塔的 60％～80％，为筛板塔的 120％～130％。缺点是对浮阀材料的抗腐蚀性要求高，一般采用不锈钢制造。

四、喷射型塔板

喷射型塔板大致有以下几种类型。

1. 舌型板

在塔板上冲出许多舌孔，方向朝塔板液体流出口一侧张开，如图 2-30 所示。

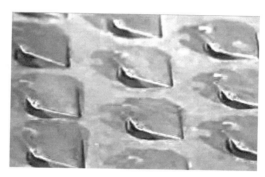

图 2-30　舌型板

2. 浮舌板

浮舌塔板的结构特点是其舌片可上下浮动。具有处理能力大、压降低、操作弹性大等优点。浮舌如图 2-31 所示。

3. 斜孔板

在板上开有斜孔，孔口向上与板面成一定角度，如图 2-32 所示。

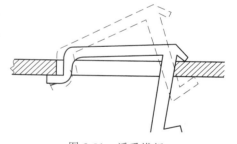

图 2-31　浮舌塔板

图 2-32　斜孔板

【活动 2-3】 精馏装置"摸"分离设备。根据图纸查找工艺设备，对照现场装置查找分离设备并描述分离设备名称及位置。填写表 2-4。

表 2-4 精馏装置分离设备表

序号	分离设备名称	个数	设备位号	设备作用
1				
2				
3				

任务四
识读方案流程图

任务描述

在工艺设计之初，经常会使用方案流程图来表达工艺流程过程。要熟悉化工生产工艺流程，需要识读方案流程图，会识读首页图，能识读图中设备位号、类别代号，管道符号标记，阀门、管件。

精馏是分离均相液体混合物的重要方法之一，属于气液相间的相际传质过程。实现这一过程的单元就是精馏单元。

一、反应工艺

图 2-33 所示为某物料残液蒸馏系统的方案流程图，装置用于提纯物料。自上一工段来的物料残液与水混合，从反应蒸馏釜上方进入，在釜内经加热蒸馏，其中一部分自釜底排出进入残渣受槽；气相经冷凝器冷却后进入真空受槽。液态物料从真空受槽底部排出后进入物料贮槽。

二、方案流程图

方案流程图又称流程示意图，是用来表达整个工程或车间生产流程的图样。它是工业设计开始时绘制的，供讨论工艺方案用。经讨论、修改、审定后的方案流程图，是带控制点工艺流程图设计的依据。

从图 2-33 中可看出方案流程图的内容，只需概括地说明如下两个方面即可：

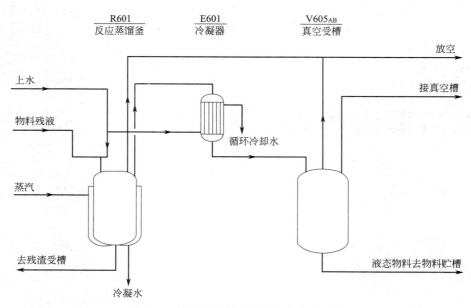

图 2-33　某物料残液蒸馏系统方案流程图

（1）物料由原料变为半成品或成品的来龙去脉——工艺流程线。

（2）采用的各种机器及设备的图形、名称（用汉字说明）和位号（用字母和数字说明）。

三、首页图

在化工工艺设计施工图中，将所采用的部分规定以图表形式绘制成首页图，以便识读和更好地使用设计文件。一般将整套工艺流程图编制成册，首页图放在第一页，以便查阅图纸相关说明。首页图图例如图 2-34 所示，它包括如下内容。

（1）装置中所采用的全部物料代号。

（2）装置中所采用的全部管道、阀门、管件等的图例。

（3）管道编号说明。通常举一实例说明管道编号的各个单元及含义。

（4）设备编号说明。通常举一实例说明表示设备编号的各个单元及含义。

（5）装置中所采用的全部仪表图例、图号、代号等。

（6）所有设备类别代号。

（7）其他有关需要说明的事项。

识读首页图时，需按照首页图的内容要求，逐项查阅其中的内容。

例如，图 2-34××工段首页图包括管道标记符号、阀门形式、管件符号、缩写符号说明、设备位号、管道编号、物料代号、设备类别代号、被测变量和仪表功能的字母代号、工段（装置）主项代号等内容。

图 2-34 首页图中有关缩写词共有 8 个：从"N"（"北"的缩写词）一直到"pos"（"支承点"的缩写词）。

装置中所采用的设备（机器）图例及代号，物料代号，管道、阀门、管件图例，被测变量和仪表功能的字母代号可查阅《管道仪表流程图设计规定》标准手册和《化工工艺设计施工图内容和深度统一规定》。

图 2-34　××工段首页图

任务实施

【活动 2-4】　图 2-34 是某工段首页图。完成首页图中缩写词的阅读，明确图中设备位号、类别代号，管道符号标记，阀门、管件的含义。

带控制点工艺流程图中设备位号、类别代号有哪些？

管道符号标记有哪些？

阀门、管件有哪些？

任务五
绘制方案流程图

工艺流程图是化工生产的技术核心，无论是设计院的工程师、化工厂的工艺员，还是中控控制室的主操，能看能画工艺流程图，都是必不可少的技能。根据现场精馏装置，绘制精馏装置方案流程图。

一、图纸幅面及格式

国家标准（GB/T 14689—2008）规定的图纸幅面有五种，其尺寸关系见表 2-5。化工工艺流程图常采用 A1、A2 两种幅面形式。

表 2-5　图纸基本幅面尺寸　　　　　　单位：mm

幅面代号	A0	A1	A2	A3	A4
B×L(宽×长)	841×1189	594×841	420×594	297×420	210×297

图纸上应使用中粗实线（线宽为 0.5 或 0.7mm）画出图框，其格式分为留装订边和不留装订边两种。

二、标题栏

每张图纸都必须按规定（GB/T 10609.1—2008）画出标题栏，标题栏应画在图纸的右下角，并使底边和右边与图框线（也用中粗实线）绘制重合，标题栏中的文字方向通常为看图方向。化工工艺图的标题栏按表 2-6 中标题栏绘制。

表 2-6　化工工艺图使用的标题栏

（图　　名）		比例		（图　　号）	
		数量			
制图		（日　期）	重量	共　张	第　张
描图		（日　期）		（校　　名）	
审核		（日　期）			

1. 文字及字母 （GB/T 14691—1993）

图样中书写的汉字、数字和字母，必须做到"字体工整、笔画清楚、间隔均匀、排列整齐"。

字体高度（用 h 表示）的公称尺寸系列为：1.8mm，2.5mm，3.5mm，5mm，7mm，10mm，14mm，20mm。

汉字应写成长仿宋体字（字宽和字高比例约为 2/3），汉字高度（h）不应小于 3.5mm（3.5 号字）并应采用国家正式公布的简化字。

2. 字母和数字分类 （GB/T 14691—1993）

字母和数字分为 A 型和 B 型。A 型字体的笔画宽度（d）为字高（h）的 1/14，B 型字体的笔画宽度（d）为字高（h）的 1/10。字母和数字可写成斜体和直体。在同一图样上，只允许选用一种形式的字体。

3. 比例 （GB/T 14690—1993）

制图中的绘图比例是指图样中机件要素的线性尺寸与实际机件相应要素的线性尺寸之比。绘制同一机器或设备的各个视图应采用相同的比例，并在标题栏的比例一栏中填写上比值。

三、设备

在图样中，用细实线按流程顺序依次画出设备示意图，一般情况下设备取相对比例，应保持它们的相对大小，允许实际尺寸过大的设备适当取缩小比例，实际尺寸过小的设备适当取放大比例。各设备之间的高低位置及设备上重要接管口的位置，需大致符合实际情况。各台设备之间应保持适当的距离，以便布置流程线。

在方案流程图中同样的设备可只画一套，对于备用设备，一般可以省略不画。

化工工艺流程图中常见的图线宽度及应用，见表 2-7。

所有图线都要清晰、光洁、均匀，线与线间要有充分间隔，平行线之间的最小间隔不小于最宽线条宽度的两倍，在同一张图纸上，同一类的线条宽度应一致。

表 2-7　工艺流程图上图线宽度及应用情况

线宽类别 /mm	粗实线	中粗实线	细实线
	0.9～1.2	0.5～0.7	0.15～0.35
推荐/mm	0.9	0.5	0.25
应用	主要工艺物料管道、主产品管道和设备位线号	次要物料、产品管道和其他辅助物料管道，代表设备、公用工程站等的长方框，管道的图纸接续标志，管道的界区标志	其他图形和线条。如：设备、机械图形符号，阀门、管件等图形符号和仪表图形符号，仪表管线、区域线、尺寸线、各种标志线、范围线、引出线、参考线、表格线、分界线、保温层线、绝热层线、伴管线、夹套管线、特殊件编号框以及其他辅助线条

四、工艺流程线

用粗实线画出主要工艺流程线，中粗实线画出其他辅助物料流程线，在流程线上应用箭头标明物料流向，并在流程线的起点和终点注明物料名称、来源或去向。流程线一般画成水平或垂直。

注意：在方案流程图中一般只画出主要工艺物料流程线，其他辅助流程线则不必一一画出。如遇有流程线之间发生交错或重叠而实际上并不相交时，应将其中的一线断开，同一物料按"先不断后断"的原则断开其中一根；不同物料的流程线按"主物料线不断，辅助物料线断"，即"主不断辅断"的原则绘制。总之，要使各设备之间流程线的来龙去脉清晰、排列整齐。

五、设备的位号

在方案流程图的正上方或正下方标注设备的位号及名称，标注时排成一行。设备的位号包括设备分类、车间或工段号、同类设备顺序号和相同设备数量尾号等，设备位号标注如图 2-35 所示。

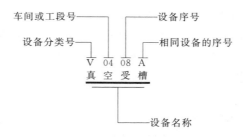

图 2-35 设备位号的标注

补充说明：有的方案流程图上，也可以将设备依次编号并在图纸空白处按编号顺序集中列出设备名称。对于流程简单、设备较少的方案流程图，图中的设备也可以不编号，而将名称直接注写在设备的图形上。但为了简化设计和方便阅读整套工艺图纸，还是列出各台设备的位号及名称较好。

为了给工艺方案讨论和给带控制点的工艺流程图设计提供更为详细具体的资料，常将工艺流程中流量、温度、压力、液位控制以及成分分析等测量控制点画在方案流程图上，图2-33 中并未标出此内容。

因为方案流程图一般只保留在设计说明书中，因此，方案流程图的图幅一般不作规定，图框、标题栏也可省略。

任务
实施

【活动 2-5】 选择合适的图纸幅面及格式，绘制标题栏，绘制设备，绘制工艺流程线，标注设备的位号。

技能训练

阅读图 2-36，现场熟悉流程后完成表 2-8，在 A4 幅面的图纸上绘制出天然气脱硫系统的方案流程图。

表 2-8　设备表

序号	设备名称	个数	设备位号	设备作用

 拓展阅读

侯德榜，出生于 1890 年，福建闽侯（今福州市）人，是我国著名的工业化学家。1911 年考入清华学堂，1913 年赴美留学，入麻省理工学院学习化工，其后在哥伦比亚大学研究院学习并获得博士学位。1921 年应我国知名实业家范旭东的邀请，离美回国，负责塘沽永利碱厂的设计与投产，1932 年又负责筹建永利宁厂（即南京硫酸铔厂），这两大化工企业的投产，为我国化学工业的发展奠定了基础。1937 年抗日战争爆发，范旭东、侯德榜坚贞爱国，拒绝与日本侵略者合作，毅然放弃沽、宁两厂，率众西撤入川，筹建永利川厂。由于井盐成本昂贵，苏尔维法食盐转化率仅为 70%，他全力探索制碱的新法，1940～1943 年间，在他的统一指挥下，一批有志之士奋发努力，制碱新法终于取得成功，把制碱与合成氨工业联合起来，使食盐的利用率提高到 98% 以上，此即"联合制碱法"，后被命名为"侯氏制碱法"。1943 年 12 月在中国化学会十一届年会上公布侯氏制碱法后，很快得到世界各国的公认。侯德榜作为世界制碱的权威，先后获得英国化学工业学会荣誉奖章、美国哥伦比亚大学奖章，荣任英国皇家学会会员、美国化学工程学会会员、美国机械学会会员和美国机械工程学会的终身荣誉会员等，为中华民族争得了荣誉。新中国成立后他任化学工业部副部长、中国科学院学部委员，中国化学会、化工学会理事长等职，为我国化学与化工事业的发展作出了重大贡献。1958～1965 年他主持设计碳化法合成氨流程制碳酸氢铵工艺，并大力推广小合成氨的生产，建立了我国大、中、小相结合的化肥工业体系。他一生著作甚多，主要有两部：一是《纯碱制造》，该书第一次将氨碱法的全部理论与技术秘密公之于世，轰动整个化学界，风行世界各国，是公认的制碱权威著作。二是《制碱工学》，全书共 80 余万字，这部专著内容丰富，全面总结了作者从事制碱工业数十年的研究成果和实践经验。

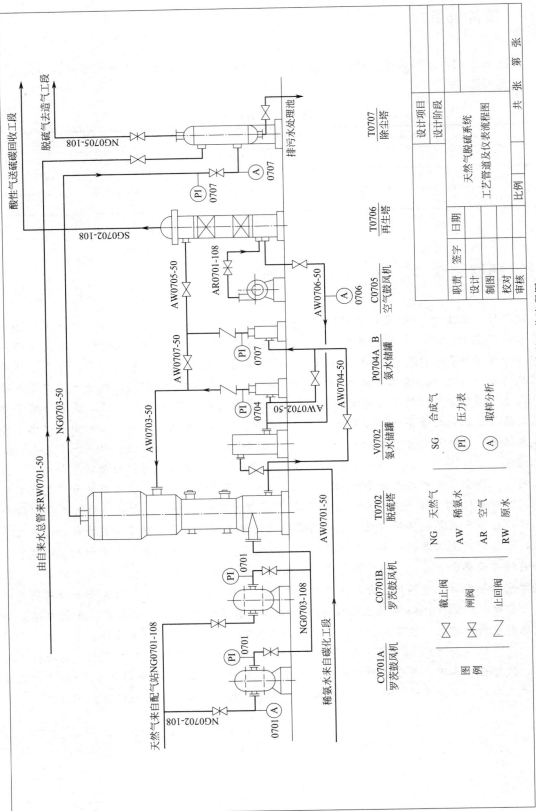

图 2-36 天然气脱硫系统带控制点的工艺流程图

 学习目标

知识目标

（1）了解精馏装置生产产品和产品特点。

（2）理解精馏装置所加工原料的来源和性质。

（3）理解精馏装置中的管路组成。

（4）熟练掌握精馏生产装置工艺流程。

（5）熟练掌握精馏工艺原理。

能力目标

（1）能对照现场装置描述典型工艺流程中物料的变化。

（2）能对照现场装置查找并描述出管路组成。

（3）能结合现场装置的流程绘制出物料流程图。

素质目标

（1）具有团队精神：能够分小组完成学习任务。

（2）具有基本的语言和文字表达能力：能够描述装置工艺流程。

 学习要求

结合典型精馏装置，能够在现场描述精馏流程的物料变化、管路组成。能结合现场精馏装置绘制出精馏装置物料流程图。

模块三

认知管路中物料及走向

任务一
认知物料变化

　　一种产品在生产的过程中，从原料变为成品，往往需要几个甚至几十个加工过程，每个加工过程中都伴随着物料的变化。以精馏装置为例，根据化工装置所加工原料、产品的性质和工艺原理、流程，描述在工艺流程中物料的变化。

　　观察现场精馏装置，如图 2-1 所示，试说出精馏装置中包含哪些管子、管件、阀门以及管路连接方式。

图 3-1 是精馏装置的立面图。

【活动 3-1】 观察现场精馏装置，说出在工艺生产过程中的物料组成变化。

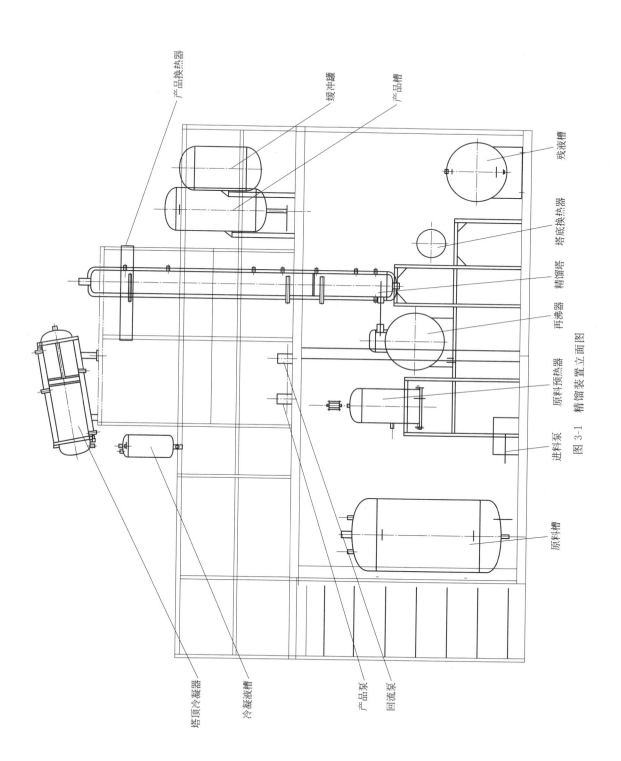

产品换热器　缓冲罐　产品槽　残液槽　塔底换热器　精馏塔　再沸器　原料预热器　进料泵　原料槽

塔顶冷凝器　冷凝液槽　产品泵　回流泵

图 3-1　精馏装置立面图

任务二
认知管路

任务描述

　　化工管路按工艺要求将各个设备相连接，原料及其他辅助物料从不同的管路进入生产装置，来完成生产过程，化工管路是整个化工生产装置中不可缺少的组成部分。在化工生产中，只有管路畅通，阀门调节得当，才能保证生产的正常。以精馏装置为例，根据管路的组成及特点，说出化工装置中管子、阀门、管件和管子连接的类型、结构及作用。

　　管路主要由管子、管件和阀门构成，也包括一些管路的管架、管卡及管箍等附件。

一、不同类别管子与用途

1. 金属管

金属管主要有铸铁管、钢管（含合金钢管）和有色金属管等。

　　（1）铸铁管　铸铁管主要有普通铸铁管和硅铸铁管，其特点是价格低廉，耐腐蚀性比钢管强，但性脆，强度差，管壁厚而笨重，不可在压力下输送易爆炸气体和高温蒸汽。常用作埋在地下的低压给水总管、煤气管和污水管等。

　　（2）钢管　钢管主要包括有缝钢管和无缝钢管。

　　有缝钢管是用低碳钢焊接而成的钢管，又称为焊接管，分为水、煤气管和钢板电焊钢管。水、煤气管的主要特点是易于加工制造，价格低廉，但因为有焊缝而不适宜在 0.8MPa（表压）以上压力条件下使用。目前主要用于输送水、蒸汽、煤气、腐蚀性低的液体、压缩空气等。因此，只作为无缝钢管的补充。

无缝钢管按制造方法分热轧和冷拔（冷轧）两种，没有接缝。其质量均匀、强度高、管壁薄。能在各种压力和温度下输送液体，广泛应用于输送高压、有毒、易燃、易爆和强腐蚀性流体，并用于制作换热器、蒸发器、裂解炉等化工设备。

（3）有色金属管　有色金属管是用有色金属制造的管子的总称，包括紫铜管、黄铜管、铝管和铅管。适用于特殊的操作条件。

2. 非金属管

非金属管是用各种非金属材料制作而成的管子，主要有陶瓷管、水泥管、玻璃管、塑料管、橡胶管等几类。

3. 复合管

复合管是金属与非金属两种材料复合得到的管子，如金属、橡胶、塑料、搪瓷等而形成的。目的是为了满足节约成本、强度和防腐的需要，通常作用在一些管子的内层衬以适当材料。

二、常用的管件与阀门

1. 常用管件

① 改变管路流向的管件有弯头、三通、四通等，如图 3-2(a)、（b）、（c）所示。

(a) 弯头　　　　　　　　　　　(b) 三通

(c) 四通　　　(d) 异径管　　　(e) 内外螺纹接头

(f) 管帽　　　(g) 盲板　　　(h) 丝堵

(i) 法兰　　　(j) 水管活接头

图 3-2　常用管件

② 连接管路支路的管件有三通、四通等，如图 3-2(b)、(c) 所示。

③ 改变管路直径的管件有异径管，如图 3-2(d) 所示。

④ 堵塞管路的有管件管帽、丝堵、盲板等，如图 3-2(f)、(h)、(g) 所示。

⑤ 用以延长管路用的管件有水管活接头、内外螺纹接头、法兰等，如图 3-2(j)、(e)、(i) 所示。

一种管件可以起到上述作用中的一个或多个，例如弯头既是连接管路的管件，又是改变管路流向的管件。工业生产中的管件类型很多，还有塑料管件、耐酸陶瓷管件和电焊钢管管件等，管件已经标准化，可以从有关手册中查取。

2. 常用阀门

在化工生产中阀门主要起到启闭作用、调节作用、安全保护作用和控制流体流向作用。阀门的种类很多，化工生产中常用的有以下几类。

（1）截止阀　截止阀（图 3-3）主要部件为阀盘与阀座。截止阀密封性好，可准确地调节流量，但结构复杂，阻力较大，适用于水、气、油品和蒸汽等管路。因截止阀流体阻力较大，开启较缓慢，不适用于带颗粒和黏度较大的介质。

（2）闸板阀　闸板阀（图 3-4）的主要部件为一闸板。闸板阀体形较大，造价较高，常用于大直径管路的开启和切断，一般不能用来调节流量的大小，也不适用于含有固体颗粒的物料。

图 3-3　截止阀

图 3-4　明杆式闸板阀

（3）止回阀　止回阀也称为止逆阀或单向阀。其作用是使介质只做一定方向的流动。止回阀一般适用于清洁介质，安装时应注意介质的流向与安装方向。

根据阀门的结构形式不同，止回阀可分为升降式、旋启式和底阀三种。

中低压管路中的升降式止回阀如图 3-5 所示。旋启式止回阀如图 3-6 所示。

图 3-5　中低压升降式止回阀

图 3-6　旋启式止回阀

底阀如图 3-7 所示。在使用时，必须将底阀没入水中，它的作用是防止吸水管中的水倒流，以便使水泵能正常启动。滤网是为了过滤介质中的杂质，以防其进入泵内。

（4）球阀　球阀是一种以中间开孔或侧边 V 形孔的球体作阀芯，靠旋转球体来控制阀的开启和关闭的阀门，如图 3-8 所示。

图 3-7　底阀　　　　　　　　　　　　　　　　　图 3-8　球阀

球阀的特点是结构比闸阀和截止阀简单，启闭迅速，操作方便，体积小，重量轻，零部件少，流体阻力也小。但球阀的制作精度要求高，由于密封结构和材料的限制，这种阀不宜用于高温介质中，适用于低温高压及黏度较大的介质，但不宜用于节流。

（5）蝶阀　蝶阀的结构简单，维修方便，开关迅速，适用于低温低压管路，如图 3-9 所示。

（6）节流阀　节流阀如图 3-10 所示。节流阀的特点是外形尺寸小，质量小，制造精度要求高。适用于温度较低、压力较高的介质，不适用于黏度大和含有固体颗粒的介质，不宜作隔断阀。

图 3-9　电动蝶阀　　　　　　　　　　　　　　图 3-10　节流阀

（7）安全阀　安全阀是为了管道、设备的安全保险而设置的截断装置，主要用在蒸汽锅炉及高压设备上。

常用的安全阀有杠杆式和弹簧式两种。弹簧式安全阀如图 3-11 所示。弹簧式安全阀分为封闭式和不封闭式。封闭式用于易燃、易爆和有毒介质；不封闭式用于蒸汽或惰性气体。

（8）疏水阀　疏水阀的功能是自动间断地排除蒸汽管路和加热器等蒸汽设备系统中的冷凝水，且又能阻止蒸汽泄出。目前使用较多的是热动力疏水阀，如图 3-12 所示。它利用蒸汽和冷凝水的动压和静压的变化来自动开启和关闭，达到排水阻汽的目的。

图 3-11 安全阀

图 3-12 疏水阀

三、管路型号

例如：　　**CWR**　　　　**0930101**　　　　**900**　　　　**B4C**
　　　　第一部分　　　第二部分　　　第三部分　　　第四部分

第一部分：介质的代号

第二部分：管道号

第三部分：管道公称直径

第四部分：管道等级

1. 介质的代号

-IW——生产水	-PW——生活水	-CNS——生产净下水	-SFW——过滤水
-OIL——污油管	-RW——溶气水	-CM——加药罐	-IA——仪表空气
-BA——曝气空气	-BW——反洗水	-CA——加酸管	-LS——低压蒸汽管
-HWS——热水管	-WW——污水管	-HWR——热水回水管	
-PWW——初期污染雨水总管	-RNW——消防废水管	-SL——污泥管线	

2. 管道等级

例如：　　**B**　　　　**4**　　　　**C**
　　　第一单元　　第二单元　　第三单元

第一单元：压力等级。A——0.6MPa，B——1.0MPa，C——1.6MPa，D——2.5MPa

第二单元：序号

第三单元：材质。C——碳钢管，F——涂塑复合钢管，S——不锈钢，W——钢筋混凝土管，P——UPVC/GRP

四、管路的连接形式

管路的连接形式主要有四种，即螺纹连接、法兰连接、承插式连接及焊接连接，如图 3-13 所示。

1. 螺纹连接

螺纹连接是一种可拆卸连接，它是在管道端部加工外螺纹，利用螺纹与管箍、管件

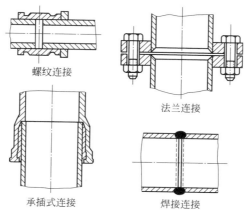

图 3-13　管子的连接方式

和活管接头配合固定，把管子与管路附件连接在一起。螺纹连接的密封则主要依靠锥管螺纹的咬合和在螺纹之间加敷的密封材料来达到。常用的密封材料是白漆加麻丝或四氟膜，缠绕在螺纹表面，然后将螺纹配合拧紧。密封的材料还可以用其他填料和涂料代替。

2. 法兰连接

法兰连接是最常用的连接方法，适用于管径、温度及压力范围大、密封性能要求高的管子连接。广泛用于各种金属管、塑料管的连接，还适用于管子与阀件、设备之间的连接。

法兰连接的主要特点实现了标准化，装拆方便，密封可靠，但费用较高。管路连接时，为了保证接头处的密封，需在两法兰盘间加垫片密封，并用螺丝将其拧紧。法兰连接密封的好坏与选用的垫片材料有关，应根据介质的性质与工作条件选用适宜的垫片材料，以保证不发生泄漏。

3. 焊接连接

焊接连接是一种不可拆连接结构。它是用焊接的方法将管道和各管件、阀门直接连成一体。这种连接密封非常可靠，结构简单，便于安装，但会给清理检修工作带来不便。这种连接广泛适用于钢管、有色金属管和聚氯乙烯管的连接，但需要经常拆卸的管段不能用焊接法连接。焊接连接主要用在长管路和高压管路中，但当管路需要经常拆卸时，或在易燃易爆的车间，不宜采用焊接法连接管路。

4. 承插式连接

承插式连接是将管子的一端插入另一管子的插套内，并在形成的空隙中装填麻丝或石棉绳，然后塞入胶合剂，以达密封目的。主要用于水泥管、陶瓷管和铸铁管的连接，其特点是安装方便，对各管段中心重合度要求不高，但拆卸困难，不能耐高压，多用于地下给排水管路的连接。

【活动 3-2】

1. 了解管路有哪些类型，适用于什么场合。

2. 查看精馏装置的管道的型号，说明其含义。

3. 查找精馏装置的管路有哪些管件。

4. 查找精馏装置的管路有哪些阀门。

5. 查找精馏装置的管路有哪些连接方式。

任务三
识读物料流程图

任务描述

　　物料流程图是在方案流程图的基础上添加物料衡算和热量衡算计算表格。要熟悉化工生产工艺流程并了解工艺流程的原料及产物组分的变化，需要识读物料流程图。以天然气脱硫系统物料流程图为例，掌握物料流程图的识读步骤和方法，学会识读物料流程图。

一、物料流程图

　　物料流程图是在工艺设计初步阶段，完成物料衡算和热量衡算时绘制的。它是在方案流程图的基础上，采用图形与表格相结合的形式反映设计中物料衡算和热量衡算结果的图样。物料流程图为设计审查提供资料，也是进一步设计的依据，还可以为实际生产操作提供参考。

　　图 3-14 所示为天然气脱硫系统的物料流程图。从图中可以看出，物料流程图的内容、画法和标注与方案流程图基本一致，只是增加了以下一些内容。

　　① 设备的位号、名称下方注明了一些特性数据或参数。如换热器的换热面积；塔设备的直径与高度；贮罐的容积；机器的型号等。

　　② 物料的流量起始部位和物料产生变化的设备之后，列表注明物料变化前后组分的名称、摩尔流量 [kmol/ h]、摩尔分数 [y(%)] 等参数和每项的总和。具体书写时按项目具体情况增减。

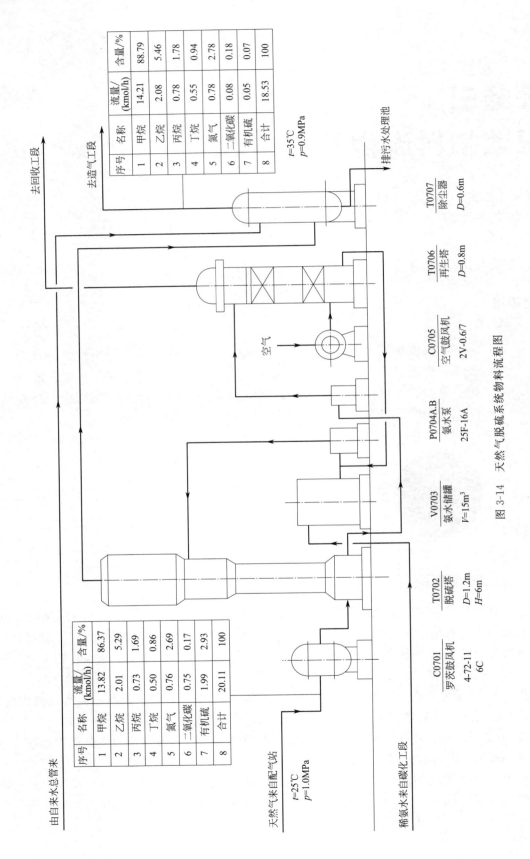

由自来水总管来

去回收工段

去造气工段

序号	名称	流量/(kmol/h)	含量/%
1	甲烷	14.21	88.79
2	乙烷	2.08	5.46
3	丙烷	0.78	1.78
4	丁烷	0.55	0.94
5	氮气	0.78	2.78
6	二氧化碳	0.08	0.18
7	有机硫	0.05	0.07
8	合计	18.53	100

t=35℃
p=0.9MPa

排污水处理池

序号	名称	流量/(kmol/h)	含量/%
1	甲烷	13.82	86.37
2	乙烷	2.01	5.29
3	丙烷	0.73	1.69
4	丁烷	0.50	0.86
5	氮气	0.76	2.69
6	二氧化碳	0.75	0.17
7	有机硫	1.99	2.93
8	合计	20.11	100

天然气来自配气站
t=25℃
p=1.0MPa

稀氨水来自碳化工段

空气

C0701
罗茨鼓风机
4-72-11
6C

T0702
脱硫塔
D=1.2m
H=6m

V0703
氨水储罐
V=15m³

P0704A.B
氨水泵
25F-16A

C0705
空气鼓风机
2V-0.6/7

T0706
再生塔
D=0.8m

T0707
除尘器
D=0.6m

图 3-14　天然气脱硫系统物料流程图

二、影响物料流程图识读因素

① 首先了解工艺流程中主要设备或装置的型式，物料走向，原料、辅助物料、产品、副产品的情况。

② 了解物料进入各装置或设备前后的组成、流量、压力、状态的变化情况，了解需用的水、蒸汽、空气、燃气等公用物料要求，正常或最大、最小使用量及使用后的特性、去向等。

③ 物料流程图有时只画出一台同类型设备，但绘制带控制点的工艺流程图时根据物料平衡表的结果进行选型设计，可能会出现数台设备并联使用或留有备用机组的情况。故物料流程图只表示物料通过这类设备或装置的物料量，而不能表明设备或装置的数量。

④ 物料流程图上物料流量或其他参数指的都是正常工艺控制指标。但若其流量峰值（如开车或停车）与正常指标相差较大且需维持一定使用时间，在进行管径核算或设备选型、辅助动力配套时均应考虑这些特殊情况。

⑤ 从所列物料表格中重点读出物料变化情况。

【活动 3-3】　阅读天然气脱硫系统物料流程图（图 3-14），填写阅读情况表 3-1。

表 3-1　阅读情况表

序号	获取信息种类	获取信息情况			备注
1	设备情况	设备			
		台数			
		位号			
		作用			
2	物料流程				
3	物料变化情况				

任务四
绘制物料流程图

　　要熟悉企业的生产工艺，需要学会绘制物料流程图。以精馏装置为例，会根据现场化工装置，依据绘制物料流程图的步骤和方法，绘制物料流程图。

一、物料表格和指引线

　　物料流程图的绘制与方案流程图的绘制完全相同，只是在此基础上加上表格和指引线。表格线和指引线都用细实线绘制。

二、工艺参数

　　物料在流程图中的某些工艺参数（如温度、压力等）也可以在流程线旁注出。

　　物料流程图由带箭头的物料线与若干个表示工段（或设备、装置）的简单外形图构成。物料流程图中须标注：

　　① 装置或工段的名称及位号、特性参数。

　　② 带流向的物料线。

　　③ 物料表。对物料发生变化的设备，要从物料管线上引线列表表示该物料的种类、流量、组成等，每项均应标出其总和。

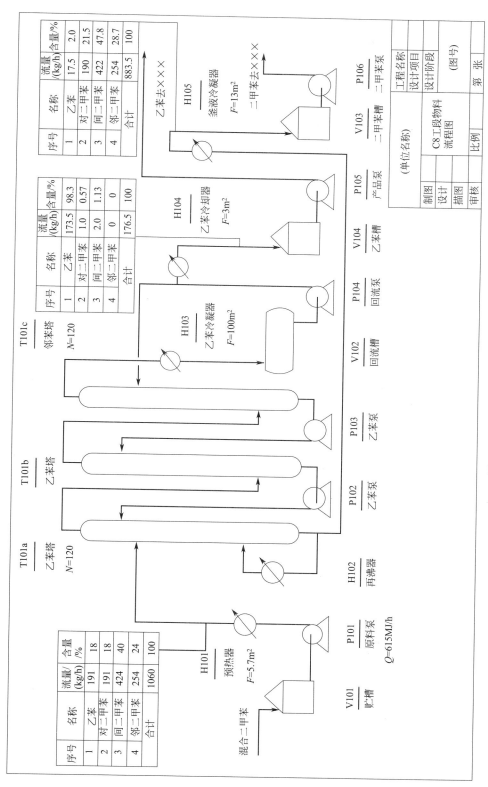

图 3-15　××工段物料流程图

【活动 3-4】 阅读图 3-15，在图中添加物料表格和指引线，添加工艺参数，并完成表 3-2。

表 3-2　阅读情况表

序号	获取信息种类	获取信息情况				备注
1	设备情况	设备				
		台数				
		位号				
		作用				
2	物料流程					
3	物料变化情况					

 技能训练

现场熟悉流程后，在 A4 幅面的图纸上绘制出××工段物料流程图。

拓展阅读

陈建侯，我国现代化工奠基者、聚氯乙烯的创始人之一，被原化工部授予"化工科技老专家"称号。

1918 年，陈建侯出生在四川省岳池县一个藏书世家。1942 年，他于昆明国立西南联合大学毕业后，在重庆胶体试验室从事高分子研究。1953 年，中央化工局把聚氯乙烯的试验和生产重任交给了他，并任命他为课题组组长。经过一年多的艰辛努力，在试验室成功地研制了聚氯乙烯，填补了我国聚氯乙烯工业的一个空白。为了满足国防和人民生活的需要，他又带领科技人员进行了中型生产试验，主持兴建了我国第一个聚氯乙烯生产车间。经过上千次投料试车，年产一百吨聚氯乙烯的工艺终于建成投产，这是在中国的土地上建成的第一个生产新型树脂的车间，揭开了我国塑料工业发展崭新的一页，也是我国塑料史上划时代的里程碑！

1965 年，陈建侯调到天津化工厂工作。他不顾身体衰弱，重新投入到提高聚氯乙烯质量的工作中。他连续奋战几个星期，在 PVC 树脂颗粒形态方面又取得了新的突破。1980 年，全国九个大型化工厂的聚氯乙烯树脂质量进行评比，天化参评的六个牌号中，有四个产品获得第一名，两个第二名，为天化赢得了荣誉。

模块四

认知主要工艺参数

 学习目标

知识目标

（1）掌握流量计的种类。

（2）掌握压力表的种类。

（3）掌握物料计的种类。

（4）掌握液位计的种类。

（5）掌握 PID 绘制方法。

（6）掌握 PID 的识读。

能力目标

（1）能对照现场装置识别转子流量计、压力表、热电偶等常见检测仪器，并说出它们的作用及工作原理。

（2）能绘制典型生产工艺流程的 PID 图。

素质目标

（1）具有团队精神：能够分小组完成学习任务。

（2）具有基本的语言和文字表达能力：能够描述装置工艺流程。

学习要求

结合典型精馏装置，能够在现场找出精馏工艺流程的主要检测仪表，描述其作用。能结合现场精馏装置绘制出 PID 图。

任务一
流量控制

任务描述

　　化工生产中，对物料的量监测和控制至关重要。流量计是化工生产的"眼睛"，对保证产品质量、提高生产效率、促进科学技术的发展都具有重要的作用。以精馏装置为例，根据化工装置所加工原料、产品的性质和工艺原理、流程等条件，识别化工工艺流程中的流量计，并描述其作用及原理。

　　观察现场精馏装置，如图 2-1 所示，试说出精馏装置中的流量计的位置和数量。

一、流量与流速

流量与流速是描述流体流动规律的参数。

1. 流量计算

单位时间内流体流过管道任一截面的量，称为流量。

（1）体积流量　单位时间内流体流过管道任一截面的体积，以 q_v 表示，单位为 m^3/s。

（2）质量流量　单位时间内流体流过管道任一截面的质量，以 q_m 表示，单位为 kg/s。

体积流量与质量流量的关系为

$$q_m = \rho q_v \qquad (4\text{-}1)$$

式中　ρ——密度，kg/m^3。

2. 流速计算

单位时间内通过单位截面积上的流体的量，称为流速。

（1）体积流速　体积流速是单位时间内流体流过管道单位截面积的体积，即

$$u = \frac{q_v}{A} \qquad (4\text{-}2)$$

式中　u——流体在管内流动的平均流速，m/s；

A——与流动方向相垂直的管道截面积，m^2。

由于流体具有黏性，流体流经管道任一截面时，各流体质点速度沿管径而变化，在管中心处最大，随管径加大而变小，在管壁面上流速为零。工程计算中为方便起见，u 取整个管截面上的平均流速。

（2）质量流速（质量通量）　质量流速是单位时间内流体流过管道单位截面积的质量，以 G 表示，其单位为 $kg/(m^2 \cdot s)$，其表达式为

$$G = \frac{q_m}{A} \qquad (4\text{-}3)$$

平均流速与质量流速关系为

$$G = \rho u \qquad (4\text{-}4)$$

由于气体的体积随温度和压强的变化而变化，在管截面积不变的情况下，气体的流速也随之发生变化，采用质量流速便于气体的计算。

二、流量计

1. 容积式流量计

容积式流量计又称定排量流量计，简称 PD 流量计，精度最高的一类流量计，利用机械测量元件把流体连续不断地分割成单个已知的体积部分，根据测量室逐次重复地充满和排放该体积部分流体的次数来测量流体体积总量。

容积式流量计按其测量元件分类，可分为椭圆齿轮流量计、双转子流量计、刮板流量计、旋转活塞流量计、往复活塞流量计、圆盘流量计、液封转筒式流量计、湿式流量计及膜式流量计等，椭圆齿轮流量计见图 4-1，双转子流量计见图 4-2，刮板流量计见图 4-3，旋转活塞流量计见图 4-4，湿式流量计见图 4-5。

图 4-1　椭圆齿轮流量计

图 4-2　双转子流量计

图 4-3　刮板流量计

图 4-4　旋转活塞流量计

图 4-5　湿式流量计

2. 叶轮式流量计

叶轮式流量计是应用流体动量矩原理测量流量的装置。叶轮的旋转角速度与流量成线性关系，测得旋转角速度就可测得流量值。常用水表、煤气表均是按照这种原理工作的流量计。常用的叶轮式流量计有切线叶轮式流量计、轴流叶轮式流量计、子母式流量计等类型。

叶轮式流量计的工作原理是将叶轮置于被测流体中，受流体流动的冲击而旋转，以叶轮旋转的快慢来反映流量的大小。一般机械式传动输出的水表准确度较低，误差约为±2%，但结构简单，造价低，国内已批量生产，并已标准化、通用化和系列化。

3. 涡轮流量计

智能液体涡轮流量计是采用先进的超低功耗单片微机技术研制的涡轮流量传感器与显示积算一体化的新型智能仪表，具有机构紧凑、读数直观清晰、可靠性高、不受外界电源干扰、抗雷击、成本低等明显优点。如图 4-6 所示。

图 4-6　涡轮流量计

将流速转换为涡轮的转速，再将转速转换成与流量成正比的电信号。这种流量计用于检测瞬时流量和总的积算流量，其输出信号为频率，易于数字化。

4. 差压流量计

（1）按产生差压的作用原理分类　可分为节流式、动压头式、水力阻力式、离心式、动压增益式、射流式等。

（2）按结构形式分类　可分为标准孔板、标准喷嘴、经典文丘里管、文丘里喷嘴、锥形入口孔板、1/4 圆孔板、线性孔板、环形孔板、道尔管、罗洛斯管、弯管、可换孔板节流装置、临界流节流装置等。文丘里流量计如图 4-7 所示，孔板流量计如图 4-8 所示。

（3）按用途分类　可分为标准节流装置、低雷诺数节流装置、脏污流节流装置、低压损节流装置、小管径节流装置、宽范围度节流装置、临界流节流装置等。

5. 变面积流量计

变面积流量计是以浮子在垂直锥形管中随着流量变化而升降，改变它们之间的流通面积来进行测量的体积流量仪表，又称转子流量计，如图 4-9 所示。

图 4-7　文丘里流量计

图 4-8　孔板流量计

图 4-9　转子流量计

转子流量计适用于小管径和低流速。常用仪表口径为 50mm 以下，最小口径可做到 1.5～4mm。

6. 质量流量计

质量流量计可分为两类：

（1）直接式　如量热式、角动量式、陀螺式和双叶轮式等，即直接输出质量流量。

（2）间接式　如应用超声流量计和密度计组合，对它们的输出再进行乘法运算可以得出质量流量。

7. 电磁流量计

电磁流量计测量原理是基于法拉第电磁感应定律。流量计的测量管是一内衬绝缘材料的非导磁合金短管。两只电极沿管径方向穿通管壁固定在测量管上。其电极头与衬里内表面基本齐平。励磁线圈由双方波脉冲励磁时，将在与测量管轴线垂直的方向上产生一磁通量密度为 B 的工作磁场。此时，如果具有一定电导率的流体流经测量管，切割磁力线将感应出电动势 E。电动势 E 正比于磁通量密度 B，测量管内径 d 与平均流速 v 的乘积。电动势 E（流量信号）由电极检出并通过电缆送至转换器。转化器将流量信号放大处理后，可显示流体流量，并能输出脉冲、模拟电流等信号，用于流量的控制和调节。

由于电磁流量计有其独特的优点，因此被广泛用于测量导电液体介质的体积流量。

8. 冲量式流量计

冲量式流量计是应用冲量原理，连续测量在线固体物料流的流量仪表，可显示物料流的瞬时流量和累计流量，适用于固体颗粒流量的测量。

【活动 4-1】 精馏装置"摸"流量计。填写表 4-1。根据模块二中的精馏图纸查找流量计，对照现场装置查找流量计，描述流量计名称及位置，并说明其控制哪部分的流量。

表 4-1　精馏装置流量计

序号	流量计名称	位置	仪表位号	仪表作用
1				
2				
3				
4				
5				
6				
7				
8				

任务二
温度控制

　　温度计在化工生产中通常起到监控和控制作用，显示和控制的温度是否满足生产运行的要求对最终的产品质量是有影响的。以精馏装置为例，根据化工装置所加工原料、产品的性质和工艺原理、流程，认知化工工艺流程中的温度计，并描述其作用及原理。

　　观察现场精馏装置，如图 2-1 所示，试说出精馏装置中温度计的位置。

　　温度是表征物体冷热程度的物理量。温度的测量与控制在工业生产中有着重要的作用。温度不能直接测量，只能借助于冷热不同物体之间的热交换，以及物体的某些物理性质随冷热程度不同而变化的特性来加以间接测量。

一、温度测量机理

以热平衡为基础，当两个冷热程度不同的物体接触时，必然会产生热交换现象，换热结束后两物体处于热平衡状态，则它们具有相同的温度，通过测量另一物体的温度可以得到被测物体的温度，这就是温度测量的基本原理。

二、温度计

按测温范围分：高温计（600℃以上）和普通温度计。

按测量方法分：接触式和非接触式温度计。

按用途分：实用温度计和标准温度计。

按工作原理分：膨胀式温度计、压力式温度计、热电偶温度计、热电阻温度计、辐射高温计。

1. 膨胀式温度计

利用物体受热体积膨胀原理，分为玻璃温度计（液体）、双金属温度计（固体）、双金属片制成的螺旋形感温元件，主要用于温度检测、控制。双金属温度计如图 4-10 所示。

2. 压力式温度计

压力式温度计是根据在封闭系统中的液体、气体或低沸点液体的饱和蒸气受热后体积膨胀引起压力变化这一原理制作的，并用压力表来测量这种变化，从而测得温度，如图 4-11 所示。

图 4-10 双金属温度计

压力式温度计由下列部分组成。

（1）温包　直接与被测介质相接触感受温度的变化；

（2）毛细管　用来传递压力的变化；

（3）弹簧管　一般压力表用的弹性元件。

3. 热电偶温度计

热电偶温度计是以热电效应为基础的测温仪表，测量范围广（−50～1600℃），结构简单，使用方便，测量准确可靠，便于信号的远传、自动记录和集中控制。按结构分为普通型、铠装型、表面型和快速型，如图 4-12 所示。

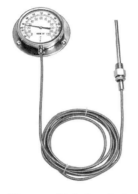

图 4-11　压力式温度计

图 4-12　热电偶温度计

4. 热电阻温度计

热电阻温度计是用导体阻值随温度变化而变化的原理来测温的，如图 4-13 所示。

图 4-13　热电阻温度计

【**活动 4-2**】　精馏装置"摸"温度计。完成表 4-2。根据模块二中的精馏图纸查找温度计，对照现场装置查找温度计，描述温度计名称及位置，并说明其控制哪部分的温度。

表 4-2　精馏装置温度计

序号	温度计名称	位置	仪表位号	仪表作用
1				
2				
3				
4				
5				
6				
7				
8				
9				
10				

任务三
压力控制

　　压力是化工工业生产中的重要参数之一，会影响生产安全、效率和产品质量，所以压力测量在工业生产中具有特殊的地位。压力表是指示容器内介质压力的仪表，对设备安全、产物质量起着重要的作用。以精馏装置为例，根据化工装置所加工原料、产品的性质和工艺原理、流程，识别化工工艺流程中的压力表，并描述其作用及原理。

　　观察现场精馏装置，如图 2-1 所示，试说出精馏装置中压力表的位置和数量。

一、压强

1. 定义

静压强是垂直作用于单位面积上的力，简称压强或压力，以 p 表示，定义式为：

$$p = \frac{F}{A} \tag{4-5}$$

式中　p——流体的静压强，Pa；

　　　F——垂直作用于流体表面上的压力，N；

　　　A——作用面的面积，m^2。

2. 单位

在国际单位制 SI 中，压强的单位是帕斯卡，以 Pa 表示。在工程单位制中，压力单位为 at 或 kgf/cm^2 时，它们之间的换算关系为：

$$1atm = 1.013 \times 10^5 Pa$$

$$1at = 1kgf/cm^2 = 9.81 \times 10^4 Pa$$

在工程实践过程中，为了简便直观，常用流体柱的高度表示流体压强大小，但必须指明流体的种类（如 mmHg、mH_2O 等）及温度，才能确定压强 p 的大小，否则即失去了表示压强的意义，其关系式为

$$p = \rho g h \tag{4-6}$$

式中　h——液柱的高度，m；

　　　ρ——液体的密度，kg/m^3；

　　　g——重力加速度，m/s^2。

3. 压强的表达方式

压强在实际应用中可有三种表达方式：绝对压强、表压强和真空度。

（1）绝对压强（简称绝压）　绝对压强是指流体的真实压强。更准确地说，它是以绝对真空为基准测得的流体压强，用 p 表示。

（2）表压强（简称表压）　表压强是指工程上用测压仪表以当时、当地大气压强为基准测得的流体压强，用 p（表）表示。

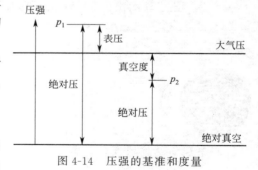

（3）真空度　当被测流体内的绝对压强小于当地（外界）大气压强，使用真空表进行测量时，真空表上的读数称为真空度，用 p（真）表示。

绝对压强，表压强，真空度之间的关系，即

$$p_{(表)} = p - p_0 \tag{4-7}$$

$$p_{(真)} = p_0 - p \tag{4-8}$$

图 4-14　压强的基准和度量

式中，p_0 为当地的大气压。由上述关系可以看出，真空度相当于负的表压值。记录压力表或真空表上的读数时，必须同时记录当地的大气压强，这样才能得到测点的绝对压强。压强随温度、湿度和当地海拔高度的变化而变。为了防止混淆，对表压强、真空度应加以标注。

绝对压强、表压强和真空度之间的关系，也可以用图 4-14 表示。

二、压力测量仪表

压力测量仪表按其转换原理不同，大致可以分为四大类：

液柱式压力计：将被测压力转换为液柱高度差进行测量；

弹性式压力计：将被测压力转换成弹性元件弹性变形的位移进行测量；

电器式压力计：将被测压力转换成各种电量进行测量；

活塞式压力计：将被测压力转换成活塞上所加平衡砝码的重量进行测量。

1. 弹簧管压力表

弹簧管压力表（图 4-15）是压力仪表的主要组成部分之一，它有着极为广泛的应用价值，它具有结构简单、品种规格齐全、测量范围广、便于制造和维修以及价格低廉等特点。弹簧管压力表除普通型外，还有具有特殊用途的，例如耐腐蚀的氨用压力表、禁油的氧用压力表等。为了能表明具体适用何种特殊介质的压力测量，常在其表壳、衬圈或表盘上涂以规定的色标，并注有特殊介质的名称，使用时应予以注意。

2. 压力变送器

压力变送器主要有压阻式、陶瓷式、扩散硅式、单晶硅谐振式、电容式等。

（1）压阻式　压阻式变送器如图 4-16 所示。电阻应变片是一种将被测件上的应变变化转换成为一种电信号的敏感器件。它是压阻式应变变送器的主要组成部分之一。电阻应变片应用最多的是金属电阻应变片和半导体应变片两种。金属电阻应变片又有丝状应变片和金属箔状应变片两种。通常是将应变片通过特殊的黏合剂紧密地黏合在产生力学应变的基体上，当基体受力发生应力变化时，电阻应变片也一起产生形变，使应变片的阻值发生改变，从而使加在电阻上的电压发生变化。

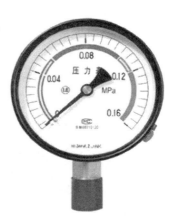

图 4-15　弹簧管压力表

（2）陶瓷式　抗腐蚀的压力变送器没有液体的传递，压力直接作用在陶瓷膜片的前表面，使膜片产生微小的形变，厚膜电阻印刷在陶瓷膜片的背面，连接成一个惠斯通电桥（闭桥）。由于压敏电阻的压阻效应，使电桥产生一个与压力成正比的高度线性的、与激励电压也成正比的电压信号。标准的信号根据压力量程的不同标定为 2.0mV、3.0mV、3.3mV 或 2.0V、3.0V、3.3V 等，可以和应变式传感器相兼容。通过激光标定，传感器具有很高的温度稳定性和时间稳定性，传感器自带温度补偿 0～70℃，并可以和绝大多数介质直接接触。

陶瓷是一种公认的高弹性、抗腐蚀、抗磨损、抗冲击和振动的材料。陶瓷的热稳定特性及它的厚膜电阻可以使它的工作温度范围达到－40～135℃，而且具有测量的高精度、高稳定性。电气绝缘程度＞2kV，输出信号强，长期稳定性好。高特性、低价格的陶瓷传感器将是压力变送器的发展方向。

（3）扩散硅式　被测介质的压力直接作用于传感器的膜片上（不锈钢或陶瓷），使膜片产生与介质压力成正比的微位移，使传感器的电阻值发生变化，利用电子线路检测这一变化，转换输出一个对应于这一压力的标准测量信号。

（4）单晶硅谐振式　采用微电子加工技术（MEMS）在一个单晶硅芯片表面的中心和边缘制作两个形状、尺寸、材质完全一致的 H 形状的谐振梁，谐振梁在自激振荡回路中做高频振荡。单晶硅片的上下表面受到的压力不等时，将产生形变，导致中心谐振梁因压缩力而频率减小，边缘谐振因受拉伸力而频率增加。两频率之差信号直接送到 CPU 进行数据处理，然后经 D/A 转换成 4～20mA 输出信号，通信时叠加 HART 数字信号，直接输出符合现场总线标准的数字信号。

3. 差压变送器

差压变送器用于测量液体、气体和蒸汽的液位、密度和压差。测量原理同压力变送器，差压变送器只不过是同时测高压侧和低压侧压力，再作差，如图 4-17 所示。

压力仪表测量范围的确定，是根据被测压力的大小来确定的。对于弹性式压力表，为保证弹性元件能在弹性变形的完全范围内，工作量程的上限值应高于工艺生产中可能的最大压力值（根据化工自控设计技术规定）。在测量稳定压力时，最大工作压力不应超过量程的 2/3；测量脉动压力时，最大工作压力不超过量程的 1/2；测量高压压力时，最大工作压力不应超过量程的 3/5。

为了保证测量的准确度，所测的压力值不能太接近于仪表的下限值，亦即仪表的量程不能选得太大，一般被测压力的最小值应不低于量程的 1/3。

图 4-16　压阻式变送器

图 4-17　差压变送器

【活动 4-3】　精馏装置"摸"压力表。完成表 4-3。根据模块二中的精馏图纸查找压力表，对照现场装置查找压力表，描述压力表名称及位置，并说明其控制哪部分的压力。

表 4-3　精馏装置压力表

序号	压力表名称	位置	仪表位号	仪表作用
1				
2				
3				
4				
5				
6				
7				
8				
9				
10				

任务四
液位控制

在化工生产中，液位测量对保证设备的正常运行和工艺的稳定都起着至关重要的作用。而液位的测量依靠化工装置中的液位计。以精馏装置为例，根据化工装置所加工原料、产品的性质和工艺原理、流程，识别化工工艺流程中的液位计，并描述其作用及原理。

观察现场精馏装置，如图 2-1 所示，试说出精馏装置中液位计的位置和数量。

在容器中液体介质液面的高低叫液位，测量液位的仪表叫液位计。液位计为物位仪表的一种。

一、液位计类别

液位计按测量方式可以分为连续测量和定点测量。按其工作原理可分为下列几种类型：

（1）声学式　液位计根据物位变化引起的声阻抗和反射距离变化来测量物位，例如超声波液位计、雷达液位计等。

（2）直读式　液位计根据流体的连通性原理来测量液位。

（3）差压式（静压式）　液位计根据液柱或物料堆积高度变化会对某点上产生静（差）压力的变化的原理测量物位。

（4）电气式　液位计根据把物位变化转换成各种电量变化的原理来测量物位。

（5）核辐射式　液位计根据同位素射线的核辐射透过物料时，其强度随物质层的厚度变化而变化的原理来测量液位。

（6）浮力式　液位计根据浮子高度随液位高低而改变或液体对浸沉在液体中的浮筒（或称沉筒）的浮力随液位高度变化而变化的原理来测量液位。前者称为恒浮力式，后者称为变浮力式。

由于液位计种类繁多，本书主要介绍常用的几种，同一种液位计有时会有多种名称或叫法。

二、液位计

1. 就地液位计

就地液位计是指安装在现场、能直观地看到液位的仪表。

对于液位要求不高的设备可以只设一个液位计，但一般容器都最少设两个液位计。在比较重要的部位有时需用两个液位计，如汽包的液位等。

一般用玻璃管或玻璃板液位计，浮标液位计，不带远传功能的磁翻板液位计等。供巡检时检查或者与 DCS 比对使用。

2. 玻璃管（板）式液位计

玻璃管式液位计如图 4-18 所示，是一种直读式液位测量仪表，根据流体的连通性原理来测量液位。适用于工业生产过程中一般贮液设备中液体位置的现场检测，其结构简单，测量准确，是传统的现场液位测量工具，一般用于直接检测。

3. 浮标液位计

以浮标为测量元件，液位变化时，浮标随之上下浮动，通过与浮标软连接的牵引索带动主体立管内的重锤（内含磁钢）做反向同步移动，利用磁钢与磁翻板的磁耦合作用，驱使磁翻板翻转180°，显示器顶端为液位下限（即零位），底端为液位上限（即满量程）。液位上升时，显示器以红色指示液位高度，红色下部为白色，显示无液部分（即液红气白）。随着液位的不断上升，显示器以红色指示液位高度，红色上部为白色，显示无液部分（即液红气白）。随着液位的不断上升，红色不断上移增加，白色不断下移减少。浮标液位计如图 4-19 所示。

图 4-18　玻璃
管式液位计

图 4-19　浮标液位计

4. 浮筒液位计

浮筒实际上是沉筒，是变浮力式的，液位变化、浮力变化引起扭力管变化，如图 4-20 所示。

智能浮筒液位计依据力平衡原理，在早期浮筒液位计的基础上采用最新的传感结构，使传感器与杠杆机构合二为一，可直接测量浮筒在液体中所受的浮力，适合工艺流程中敞口或带压容器内液位、界位、密度的连续测量。智能浮筒液位计由浮筒、扭力管、传感器、杠杆四部分组成。

5. 磁翻板液位计

磁翻板液位计也可称为磁性浮子液位计，如图 4-21 所示，是根据浮力原理和磁性耦合作用研制而成。当被测容器中的液位升降时，液位计本体管中的磁性浮子也随之升降，浮子内的永久磁钢通过磁耦合传递到磁翻柱指示器，驱动红、白翻柱翻转 180°。当液位上升时翻柱由白色转变为红色，当液位下降时翻柱由红色转变为白色，指示器的红白交界处为容器内部液位的实际高度，从而实现液位清晰的指示。

图 4-20　浮筒液位计

图 4-21　磁翻板液位计

6. 磁致伸缩液位计

磁致伸缩液位计主要由电子部件、磁致伸缩波导丝、浮子等部分组成。测量时，电子部件产生一个电流"激励"脉冲，该脉冲电流以光速沿波导丝向下运行，并在波导丝周围形成周向安培环形磁场。当激励脉冲电流产生的环形磁场与浮子内永磁铁产生的偏置磁场相遇时，浮子周围的磁场发生改变，从而使得由磁致伸缩材料做成的波导丝在浮子所在的位置产生一个感应扭转波脉冲。该扭转波以声速由产生点向波导丝的两端传播，传向末端的扭转波被阻尼器件吸收，传向激励端的信号则被检波装置接收，并由电子部件测量出脉冲电流与扭转波的时间差，再乘以扭转波在波导丝中的传播速度（固定量为 2800m/s），即可精确地计算出浮子产生扭转波的位置与测量基准点间的距离，也就是液面的位置。磁致伸缩液位计如图 4-22 所示。

7. 雷达液位计

雷达液位计如图 4-23 所示，是一种基于时间行程原理的测量仪表，雷达波以光速运行，运行时间可以通过电子部件被转换成物位信号。探头发出高频脉冲并沿缆式探头传播，当脉冲遇到物料表面时，反射回来被仪表内的接收器接收，并将距离信号转化为物位信号。

雷达探测器对时间的测量有微波脉冲法及连续波调频法两种方式。

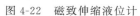

图 4-22　磁致伸缩液位计　　　　　　　　　　图 4-23　雷达液位计

8. 压力差压液位计

压力差压液位计是通过测量容器两个不同点处的压力差来计算容器内物体液位（差压）的仪表，即利用液柱产生的压力来测量液位的高度。它要求零液位与检测仪表在同一水平高度，否则会产生附加静压误差（量程迁移）。有气相和液相两个取压口，气相取压点处压力为设备内气相压力；液相取压点处压力除受气相压力作用外，还受液柱静压力的作用。液相和气相压力之差，就是液柱所产生的静压力。

这类仪表包括气动、电动差压变送器及法兰式液位变送器，安装方便，容易实现远传和自动调节，工业上应用较多，如图 4-24 所示。

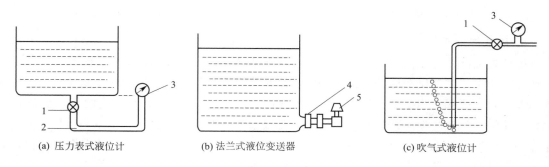

(a) 压力表式液位计　　　　(b) 法兰式液位变送器　　　　(c) 吹气式液位计

图 4-24　压力差压液位计

1—螺旋塞；2—引压管；3—压力表；4—法兰；5—压力变送器

【活动 4-4】 精馏装置"摸"液位计。填写表 4-4。根据模块二中的精馏图纸查找液位计，对照现场装置查找液位计，并描述液位计名称及位置，并说明控制哪部分的液位。

表 4-4　精馏装置液位计

序号	温度计名称	位置	仪表位号	仪表作用
1				
2				
3				
4				
5				

任务五
识读工艺管道及仪表图

任务描述

　　工艺管道及仪表图是比方案流程图和物料流程图内容更为详细的工艺流程图。要详细了解化工工艺流程内的阀门、管件等，需要会读、会画工艺管道及仪表图。以空压站装置为例，根据流程图的阅读及绘制步骤和方法，能识读并绘制工艺管道及仪表图。

必备知识

　　管道及仪表流程图，又称为 PID 图或工艺施工流程图，是化工厂的工程设计中从工艺流程到工程施工设计的重要工序，是工厂安装设计的依据。广义的 PID 可分为工艺管道和仪表流程图（即通常意义的 PID）以及公用工程管道和仪表流程图（即 UID）两大类。

　　管道及仪表流程图是借助统一规定的图形符号和文字代号，用图示的方法把某种化工产品生产过程所需的全部设备、仪表、管道、阀门及主要管件，按其各自的功能，并为满足工艺要求和安全、经济目的组合起来而绘制的化工图样，以起到描述工艺装置的结构和功能的作用。管道及仪表流程图不仅是设计、施工的依据，也是企业管理、试运转、操作、维修和开停车等方面所需的完整技术资料的一部分，有助于简化承担工艺装置的开发、工程设计、施工、操作和维检修等任务的各部门之间的交流。

　　管道及仪表流程图是一种示意性的展开图，通常以工艺装置的主项（工段或工序）为单元绘制，也可以装置为单元绘制，按工艺流程顺序把设备、管道流程自左至右展开画在同一平面上。

　　管道及仪表流程图一般包括以下几个方面内容。

（1）图形　用规定的图形符号和文字代号表示设计装置的各个工序中工艺过程所需的全部设备，全部管道、阀门、主要管件，全部工艺分析取样点和检测、指示、控制功能仪表控制点等。

（2）标注　对上述图形内容进行编号和标注；对安全生产、试车、开停车和事故处理在图上需要说明事项的标注；对设备、机械等的技术选择性数据的标注；设计要求的标注等。

（3）备注栏、详图和表格

① 备注栏：备注栏的作用是用文字来进一步说明某些事项，以使工艺流程图设计意图更为明确和完全。如：设计者在图纸上要说明的设计要求、共性问题、待定事项、某些局部尺寸和安装部位，需要在深化设计和其他有关专业设计中的注意事项等。

② 详图：需要详细表示的某些局部。例如：某些节点、仪表、带尺寸的管道、吹气、置换系统、加热炉烧嘴的详细管道和仪表控制图等。

③ 表格：可以用表格列出多个相同系统的各类仪表、特殊阀（管）件的编号一览表。如果需要，设备和机械、驱动机的技术特性数据可以列表表示。

（4）标题栏和修改栏　带控制点的工艺流程图按管道中物料类别划分，通常分为工艺管道仪表流程图（简称工艺 PI 或 PID 图）、辅助物料和公用物料管道仪表流程图（简称公用物料系统流程图）两类。

【活动 4-5】　根据图 4-25，查找空压站的主要设备，完成表 4-5。

表 4-5　空压站装置主要设备表

序号	设备名称	个数	设备位号	设备作用
1				
2				
3				
4				
5				
6				

【活动 4-6】　根据图 4-25，查找空压站主要物料线和辅助物料线，完成表 4-6。

表 4-6　空压站装置物料线

序号	物料名称	走向
1		
2		
3		

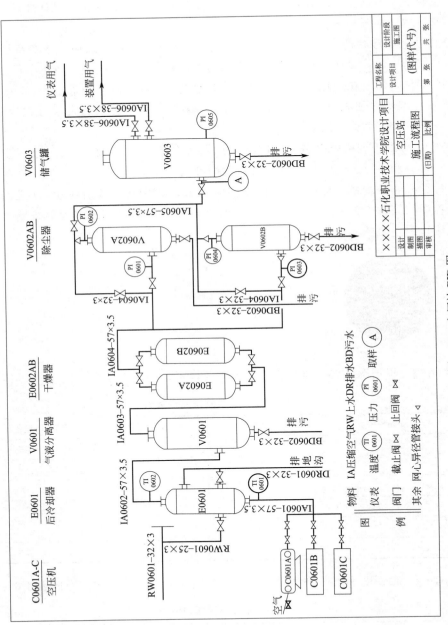

图 4-25 空压站 PID 图

【活动 4-7】 根据图 4-25，查找空压站主要工艺参数，完成表 4-7。

表 4-7　空压站装置主要工艺参数

序号	仪表位号	仪表功能
1		
2		
3		
4		
5		
6		
7		

【活动 4-8】 绘制空压站的 PID 图，完成后根据表 4-8 评定分数，进行修改。

1. 添加阀门和管件

PID 图的绘制与方案流程图的绘制完全相同，只是在此基础上加上阀门和管件。管道上的阀门和管件都按标准规定的图形符号（参阅表 1-2），在相应处绘制。管道流程线的标注见图 1-2。

2. 添加仪表控制点

以细实线在相应的管道设备处用符号表示画出仪表控制点（参阅图 1-3、图 1-4），符号包括图形符号和字母代号，组合起来表示工业仪表处的被测变量和功能，或者表示仪表、设备、管线的名称等，仪表位号的标注方式见图 1-5、图 1-6。

表 4-8　空压站 PID 图评分标准

序号	考核内容	考核要点	配分	评分标准	扣分	得分	备注
1	准备工作	工具、用具准备	5	工具携带不正确扣 5 分			
2	卷面评分	排布合理、卷面清晰	10	不合理、不清晰扣 10 分			
3		边框	5	格式不正确扣 5 分			
4		标题栏	5	格式不正确扣 5 分			
5		塔器类设备齐全	15	漏一项扣 5 分			
6		主要加热炉、冷换设备齐全	15	漏一项扣 5 分			
7		主要泵齐全	15	漏一项扣 5 分			
8		主要阀门齐全(包括调节阀)	15	漏一项扣 5 分			
9		管线	15	管线错误一条扣 5 分			
	合计		100				

注：否定项说明，若出现流程错误等情况，该题为零分。

 技能训练

阅读图 4-26，完成表 4-9，并按照作图步骤和方法绘制此工艺流程图。

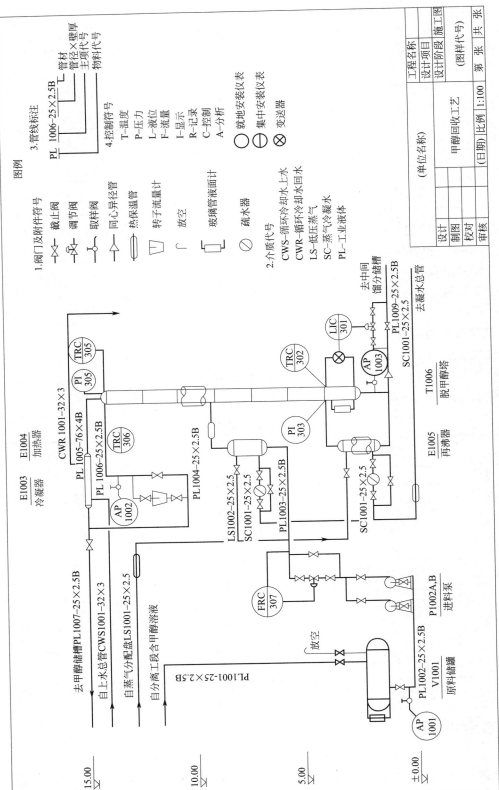

图 4-26　PID 图

表 4-9　PID 图阅读表格

获取信息途径	信息种类	获取信息情况	备注
标题栏	图纸名称		
设备标注	设备数量、名称及位号		
工艺流程图	物料流程		
	物料变化		
	仪表控制点		
	阀门情况		
图例	阀门		符号见图例
	仪表		

 拓展阅读

　　1958 年，我国提出"两弹一星"及其推进剂研制任务。年轻的李俊贤被抽调至北京化工研究院第五研究所，加入高能推进剂研制队伍。他的目标，是实现我国在偏二甲肼这一液体推进剂主要高能燃料的突破。

　　"当时，氯胺法制偏二甲肼有气相法和液相法之争。我们接到的任务是集中力量开发气相氯胺法。"李俊贤说。然而在实际研制中，李俊贤和他的组员们发现，液相法更能在短期内提供大规模生产所需技术数据。

　　因此，他们决定在完成气相法任务的同时，进行液相法的研究。就这样，李俊贤和他的组员们日夜不停地干起来。经过近半年的埋头苦干，在液相法研究上，他们经合成扩大试验取得的数据表明工业生产完全可行，这意味着他们的研究取得了成功！1964 年，液相氯胺法制偏二甲肼成果被评为中国工业交通战线十大成果之一。

　　1966 年，李俊贤再接重担，到青海大通县一个山沟里筹建黎明化工厂，担任副厂长兼总工程师，建设中国第一套氯胺法制偏二甲肼装置。住茅草屋，睡土炕大通铺，吃盐水煮蚕豆、青稞粉，忍受着高原反应，1968 年 2 月，由他主持研制的用于人造卫星发射的高性能化学推进剂——偏二甲肼终于诞生并投产。

　　1970 年 4 月 24 日，偏二甲肼助力我国第一颗人造卫星东方红一号顺利升空，直至今日，它仍是我国重要的推进剂品种，长征系列运载火箭、神舟系列飞船升空，均使用了偏二甲肼。

　　这也是李俊贤最为骄傲的科研成果。1978 年，液相氯胺法制偏二甲肼成果获全国科学大会奖，李俊贤本人获"在科学技术工作中做出重大贡献的先进工作者"称号；1982 年，我国还向法国宇航公司出口 300 吨偏二甲肼，成为当时我国外交、外贸战线上的一件大事；1989 年，氯胺法制高纯偏二甲肼的合成工艺获国家发明三等奖。

　　研制偏二甲肼后，又一项重大任务落到了李俊贤的身上——研制性能指标赶超发达国家鱼雷推进剂的任务（后被简称 796 燃料）。李俊贤调任黎明化工研究所（黎明化工研究设计院前身）技术负责人。

　　由于担心李俊贤所在的单位两三年内难以提供大批量 796 燃料，延误新型热动力鱼雷的交货期，使用部门提出先用国内已生产的硝酸异丙酯来研制新一代热动力鱼雷，等 796 燃料工业化研究成功后，再用 796 燃料研制新的热动力鱼雷。

然而，"796 燃料在航程、航速上要比硝酸异丙酯快一倍以上，一旦硝酸异丙酯用于鱼雷，那就意味着中国鱼雷要比世界先进鱼雷落后一代。"李俊贤说，"我当时就在会上提出，要搞就要搞世界一流的！要相信科学，更要相信我们所的实力！"据当时的参会者回忆，李俊贤还在会上当众表示，延误工期由他负责，并主动承诺按预定时间提供所需批量大于吨级的 796 燃料，保证及时满足鱼雷研制需要。

1977 年 6 月 30 日，李俊贤和他的同事们生产出了合格产品，经过 4 个月连续运转考核，各项工艺参数均达到设计要求，提前向使用部门供应了所需的批量产品。李俊贤的诺言变成了现实！

"创新是科研工作者的灵魂。"李俊贤不断强调。继偏二甲肼、796 燃料后，李俊贤领导黎明化工研究设计院又先后完成了主要用于卫星和飞船增速入轨的一甲肼，用于神舟系列飞船升空使用的高氯酸铵固体氧化剂等一系列高难度科研项目。

2010 年，"嫦娥二号"卫星圆满完成奔月任务，其中发动机点火调姿发挥了关键作用，而为该发动机提供动力源的，仍然是李俊贤及其黎明化工研究设计院的同事们。

如今，90 岁高龄的李俊贤一如既往地坚持工作。他的同事介绍，前些年，每年除了春节休息 3 天外，其余时间他都会来单位，一天至少工作 8 个小时。有人给他算了一笔账，他这些年加班的时间几乎相当于一个人正常工作 20 年。1995 年，李俊贤当选中国工程院院士。

除了醉心科研，李俊贤还具有对科研前景超强的敏锐洞察力，能够迅速转换思路，聚焦国家急需发展的产业。20 世纪 80 年代初，"万能塑料"聚氨酯在国外已经广泛应用于汽车、建筑、家电、家具等行业，但国内却要依靠进口。李俊贤立即组织投入研究，希望未来关键技术不受制于人。他将研究重点目标牢牢锁定在研发国内大量急需且尚无自主知识产权产品的胶黏剂和聚氨酯两个项目上。后来，黎明化工研究设计院大力发展聚氨酯，组建国家聚氨酯反应注射成型工程技术中心，开发出了几十种技术，为我国聚氨酯工业的发展奠定了基础。

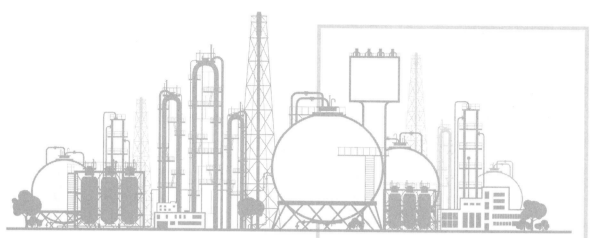

 学习目标

知识目标

（1）了解聚氯乙烯装置所加工原料的来源和性质。

（2）了解聚氯乙烯装置生产产品和产品特点。

（3）理解聚氯乙烯装置的影响因素。

（4）掌握聚氯乙烯生产装置工艺流程。

（5）掌握聚氯乙烯工艺原理。

能力目标

（1）能对照现场装置查找描述出设备、物料走向及主要工艺参数，并能叙述工艺流程。

（2）能绘制聚氯乙烯装置工艺流程图。

素质目标

（1）具有团队精神：能够分小组完成学习任务。

（2）具有基本的语言和文字表达能力：能够描述装置工艺流程。

 学习要求

结合典型聚氯乙烯装置，能够在现场描述关键设备、物料和流程，能结合现场装置绘制出 PID 图。

模块五

认知化工生产
工艺流程

任务一
方框流程图认知

任务描述

　　方框流程图一般作为施工流程图的设计基础，简单明了地表示化工装置中的设备及流程。结合聚氯乙烯方框图，根据聚氯乙烯工艺过程中加工原料、产品的性质和工艺原理、流程，识读工艺流程。

一、氯乙烯生产方法

　　氯乙烯单体在常温常压下为无色气体，沸点为−13.9℃，溶于丙酮、乙醇、芳烃等有机溶剂，不溶于水。通常氯乙烯单体在加入少量阻聚剂后加压成液体进行贮存或输送，添加的阻聚剂在聚合前可采用蒸馏或用氢氧化钠溶液洗涤除去。氯乙烯的工业生产方法有乙炔电石法、联合法、氧氯化法等。

1. 乙炔电石法

　　乙炔与氯化氢气体反应生成氯乙烯的方法称为乙炔电石法，这是最早实现工业化生产的方法，具有投资少、技术简单、产品纯度高的优点。其反应如下：

$$CH\!\!\equiv\!\!CH + HCl \rightarrow CH_2\!\!=\!\!CHCl$$

　　氯化氢可以由电解食盐得到，乙炔可由碳化钙（电石）与水反应制得。由于电石是由石灰石煅烧而得，消耗较大、原料成本较高，在反应过程中会产生大量的电石残渣，同时反应需要运用汞盐作为催化剂，而汞盐具有较大的毒性，同时汞化物具有较强污染性，因而该法应用已逐渐减少。

2. 联合法

由石油裂解制得的乙烯经氯化后生成二氯乙烷，然后在加压条件下将其加热裂解制得氯乙烯和氯化氢，生成的氯化氢再与乙炔反应又可得到氯乙烯。该法可直接利用氯碱工业的氯气，因此成本较乙炔电石法低。其化学反应式如下：

$$CH_2\!=\!CH_2+Cl_2 \longrightarrow CH_2Cl\!-\!CH_2Cl \longrightarrow CH_2\!=\!CHCl+HCl$$
$$CH\!\equiv\!CH\ +HCl \longrightarrow CH_2\!=\!CHCl$$

联合法可以利用已有的电石资源和乙炔生产装置，迅速提高氯乙烯的生产能力。在电石原料向石油系原料变换的初期，曾有不少工厂采用，但是，这种方法不能完全摆脱电石原料，只是一种暂时的方法。

3. 氧氯化法

本法是以乙烯和氯气为原料经氧氯化作用直接得到二氯乙烷，然后二氯乙烷裂解生成氯乙烯，总反应式如下：

$$2CH_2\!=\!CH_2+Cl_2+\frac{1}{2}O_2 \longrightarrow 2CH_2\!=\!CHCl+H_2O$$

氧氯化法是随着石油工业的发展于 20 世纪 60 年代问世的，解决了氯化氢的利用问题，使以乙烯和氯气为原料生产氯乙烯的方法显出极大的优越性。同时因为节省电能，成本较低，是当前世界上生产氯乙烯的主要方法。

而我国由于乙烯资源匮乏，煤炭资源相对丰富，电石原料易得，为乙炔电石法的发展创造了较大的利润空间，因此我国氯乙烯的生产主要以乙炔电石法为主，氯乙烯原料路线相对比较落后。

二、氯乙烯单体的聚合

使用某些过氧化物和偶氮化合物作引发剂，在热、光或辐射能的作用下，氯乙烯单体能顺利地进行自由基型连锁反应聚合成聚氯乙烯（PVC），其反应式为：

$$n\,CH_2\!=\!CHCl \xrightarrow[\triangle]{\text{引发剂}} \!-\!\!\!(CH_2\!-\!CHCl)\!\!\!-_n$$

聚氯乙烯（PVC）是由氯乙烯（VC）单体均聚或其他多种单体共聚而制得的合成树脂，聚氯乙烯再配以增塑剂、稳定剂、润滑剂、高分子改性剂、填料、偶联剂和加工助剂等，经过混炼、塑化、成型等工序加工成各种材料。根据所选用树脂和加工助剂种类和数量的不同，可以制造出硬质、半硬质、软质、透明或不透明 PVC 树脂、PVC 共聚物或合金、泡沫塑料、工程塑料、热塑性弹性体、合成纤维、涂料、胶黏剂、密封材料以及特种功能材料等一系列性能不同的制品。

任务
实施

【活动 5-1】 在 A4 纸上抄画图 5-1，并用文字描述聚氯乙烯工艺流程。

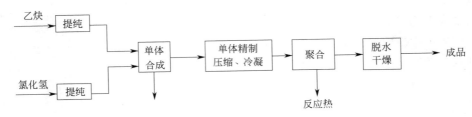

图 5-1　聚氯乙烯工艺方框流程图

1. 绘制方块

根据原料转化为产品的顺序，自左向右、从上到下用细实线绘出表示单元操作、反应过程或车间、设备的矩形方块，次要车间或设备按需要可以忽略。要保持它们的相对大小，各矩形间应保持适当的距离，以便布置工艺流程线。

2. 标注名称

在方块内标注单元操作（或工段、设备）名称。

3. 绘制流程线

用带箭头的细实线在各矩形间绘出物料的工艺流程线。箭头的指向要和物料的流向一致，并在起始和终了处用文字注明物料的名称或物料的来源、去向。

若两条工艺流程线在图上相交而实际并不相交，应在相交处将其中一条线断开绘出。

流程线可加注必要的文字说明，如原料来源，产品、中间产物、废物去向等。

4. 标注参数

可根据需要在相应的位置标注物料在流程中的参数（压力、温度等）。

任务二
工艺流程认知

任务描述

　　DCS 仿真系统作为工艺生产监控的重要组成部分，决定着整个生产的稳定与运行。要熟悉工艺流程，需要学会从 DCS 仿真系统中识读工艺流程图。以聚氯乙烯为例，根据化工装置所加工原料、产品的性质和工艺原理、流程，识读 DCS 仿真系统工艺流程的设备等内容，并绘制 PID 图。

必备
知识

　　聚合过程中聚合度由聚合温度来控制，聚合速率由引发剂用量来调节。工业上采用的聚合工艺有四种，悬浮聚合、乳液聚合、本体聚合和溶液聚合，表 5-1 对四种不同的聚合工艺进行了比较。

表 5-1　聚氯乙烯四种聚合工艺的比较

聚合工艺	聚合物形态	工艺及产物特点	缺点
悬浮聚合	粉状小粒子	工艺成熟，后处理简单，质量好，成本低，占 PVC 总产量的 90% 左右，用途广泛	需要消耗大量的水，所制备的聚氯乙烯颗粒较大
乳液聚合	糊状	生产易连续化，产品粒细，但后处理复杂，含杂质多，电绝缘性、热稳定性及色泽较差，一般用于糊塑料	反应过程需要加入凝聚剂，会造成反应器管道堵塞
本体聚合	粉状小颗粒	工艺简单，树脂纯度高，性能优异，适宜制造高度透明制品，但反应热不宜排除	较强的黏度会使聚氯乙烯分子量分布变宽，设备要求较高
溶液聚合	糊状	成本高，树脂与溶剂分离及溶剂回收工艺复杂，仅限于制造特殊涂料	通常会产生特殊的共聚物以及面对溶剂回收问题

一、悬浮聚合

悬浮聚合体系主要由单体、引发剂、水、分散剂四个基本组分构成。常用的引发剂有过氧化二苯甲酰、偶氮二异丁腈、过氧化二碳酸二异丙酯等。分散剂有聚乙烯醇、顺丁烯二酸酐、纤维素醚类等。生产时首先在反应釜中加入水、分散剂，用氮气排除空气后，再加入氯乙烯单体搅拌并维持在一定温度范围内（例如 50～60℃）进行聚合反应。聚合后的悬浮液先经碱液处理，以中和反应过程中分解的氯化氢，除去残留的引发剂和吸附在树脂中的单体等杂质，然后再经洗涤、干燥、过筛即得到白色粉状 PVC 树脂。

悬浮聚合过程中控制不同的反应温度和压力，采用不同的分散剂，改变搅拌形式和强度等聚合条件，聚合后采取不同的后处理方式等，所得到的树脂颗粒形态及性能均不相同，这正是 PVC 具有不同型号的原因所在。此外，聚合过程中"黏釜"现象会造成相对分子质量过高的组分，在树脂中不易塑化而使透明制品出现晶点，影响制品质量。

二、乳液聚合

乳液聚合使用水溶性引发剂，氯乙烯单体在水介质中由于乳化作用分散成乳液状态，在温度和搅拌作用下进行聚合反应，最终的反应产物为糊状物，可直接用于涂覆生产以及应用乳胶的场合。也可经过凝聚、洗涤、脱水、干燥等工序制得固体 PVC 粉料。该种树脂能在常温下配制成分散体——PVC 糊塑料，用于生产人造革、泡沫塑料以及织物涂覆等。

乳液聚合过程中分散体系稳定性好，反应温度易于控制，单体分散程度均匀，所得到的PVC 颗粒较细，相对分子质量高。但工艺复杂，产物中杂质含量较高。

三、本体聚合

本体聚合法制备聚氯乙烯的原理是只需要在反应器皿当中加入单体氯乙烯，单体氯乙烯在引发剂作用下发生聚合反应。本体氯乙烯发生聚合反应的过程中，反应物的状态发生一系列变化，即低黏态——黏稠态——粉态，从而整个聚合反应可以分为"预聚合""后聚合"两个阶段，在经过全部聚合反应后，反应物经过液相低黏度——糊状——粉末态，最终得到粉体聚氯乙烯。

四、溶液聚合

通过溶液聚合制备聚氯乙烯大致需要经过以下步骤：

1. 溶解

向有机溶剂当中置入聚乙烯单体，通常情况下选择正丁烷、环己烷、乙酸丁酯、丙酮作为有机溶剂，经过搅拌后充分溶解。

2. 预聚合

预聚合需要使用氧化物引发剂，通常选择偶氮二异丁腈（AIBN）、过氧化二碳酸二乙基己酯（EHP）作为引发剂，一边搅拌一边加热，直至达到40℃的聚合温度条件。

3. 沉淀分离

氯乙烯在聚合反应的过程中所形成的聚合物不溶于溶剂，所以在反应体系内形成了沉淀，将悬浮液去除，从而得到均一的聚氯乙烯。

【**活动 5-2**】 登录聚氯乙烯装置仿真软件，识读聚氯乙烯装置工艺流程。

本系统为秦皇岛博赫科技开发有限公司以真实聚氯乙烯工厂为原型开发研制的虚拟化工仿真系统，本装置主要分为无离子水工段、聚合工段、汽提工段、离心干燥工段等工艺过程。下面登录聚氯乙烯装置仿真系统软件，看到流程图界面（图 5-2）。

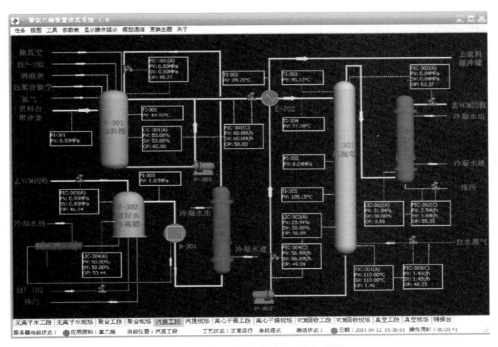

图 5-2　聚氯乙烯汽提段工艺流程图

图 5-2 是聚氯乙烯汽提段工艺流程图。总的流程为：首先，用氮气置换系统中的杂质气体，系统抽真空。无离子水自无离子水罐（T-101）经打水泵（P-101）打入聚合釜（V-201），整个无离子水加料系统由一个冷无离子加料泵和一个热无离子加料泵组成。每个泵的出口管道上都装有一个温度调节阀和一条回到各自贮罐的循环管道。

本聚合生产装置在绝氧状态下，依次通过釜内设的相应进料口，用水冲洗釜壁并排除杂质组分；借助蒸汽将防黏釜剂均匀喷涂于釜壁，用水冲洗并排除之，然后加入缓冲剂；加体积比为 1∶1.4 的氯乙烯和温度为 85～95℃的热水，装填系数为 0.8～0.9；加分散剂并判断分散效果；确定分散体系稳定，即可加入复合引发剂，加链转移剂巯基乙醇；聚合开始 10 分钟后，以 1000kg/h 的流量向釜内注入低于反应温度的水，聚合反应温度为 54～58℃，转化率达到 85%～90%，加终止剂终止反应；向出料槽卸料。

出料槽（V-301）中的浆料经过处理后，再经浆料过滤器过滤，用浆料泵（P-301）经螺旋板换热器（E-702）打入汽提塔（T-301），经汽提塔（T-301）处理过的浆料，用浆料泵（P-302）经螺旋板换热器（E-702）打入浆料缓冲槽（V-401），最后再用浆料泵（P-401）加压送到离心工序。

自蒸汽总管来的蒸汽经蒸汽过滤器过滤后进入汽提塔（T-301）。从汽提塔顶出来的气体经冷凝冷却器（E-704）分离，不凝的气体进入 VCM 回收系统进行回收。经离心机（S-401）分离后的离心母液送到污水站，分离后的湿树脂经螺旋输送器（S-402）进入气流干燥塔。

经空气过滤器过滤的空气经主风机（B-401）加压，再经空气加热器（E-706）加热，进入气流干燥塔吹散物料、干燥物并夹带物料进入旋风干燥床（X-401）。从干燥器顶部出来气流夹带干燥好的物料进入旋风分离器（X-402），分离后的气流经引风机排空。分离下来的聚氯乙烯树脂由振动筛（X-403）进行筛分。筛下物料进入料斗，筛上物料为次品，回收。料仓中的 PVC 树脂经手工装袋，磅秤计量，然后用热合机封口，由喷号机喷号，再由中间皮带机输送给仓库皮带机，入库贮存。

【活动 5-3】 根据图 5-2 聚氯乙烯汽提段工艺流程图，完成表 5-2，然后在 A4 图纸上绘制该工艺流程图。

表 5-2　聚氯乙烯装置主要设备表

序号	设备名称	个数	设备主要作用
1			
2			
3			
4			
5			

【活动 5-4】 学生互换 A4 图纸，在教师指导下根据表 5-3 进行评分，标出错误，学生纠错。

表 5-3　聚氯乙烯流程图评分标准

序号	考核内容	考核要点	配分	评分标准	扣分	得分	备注
1	准备工作	工具、用具准备	5	工具携带不正确扣 5 分			
2		排布合理，卷面清晰	10	不合理、不清晰扣 10 分			
3		边框	5	格式不正确扣 5 分			
4		标题栏	5	格式不正确扣 5 分			
5	卷面评分	塔器类设备齐全	15	漏一项扣 5 分			
6		主要加热炉、冷换设备齐全	15	漏一项扣 5 分			
7		主要泵齐全	15	漏一项扣 5 分			
8		主要阀门齐全（包括调节阀）	15	漏一项扣 5 分			
9		管线	15	管线错误一条扣 5 分			
		合　计	100				

注：否定项说明，若出现流程错误等情况，该题为零分。

任务三
现场"摸"工艺流程

任务描述

  要熟悉企业的生产工艺，需要现场认知工艺流程，以智能化模拟工厂——聚氯乙烯装置为例，根据化工生产流程的工艺原理，说出化工生产工艺流程中的主要设备、物料走向及主要的工艺参数。

必备
知识

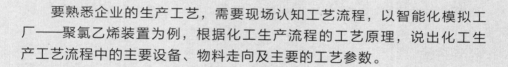

工艺参数影响因素分析如下。

一、水油比

水的用量与单体用量之比称为水油比。当水油比大时，传热效果好，聚合粒子的粒度较均一，聚合物的分子量分布较窄，生产控制较容易；缺点是降低了设备利用率。当水油比小时，则不利于传热，生产控制较困难。

二、聚合温度

当聚合配方确定后，聚合温度是反应过程中最主要的参量。聚合温度不仅是影响聚合速率的主要因素，也是影响聚合物分子量的主要因素。

三、聚合时间

连锁聚合的特点之一是生成一个聚合物大分子的时间很短，只需要 0.01 秒到几秒的时间，也就是瞬间完成的。但是要把所有的单体都转变为大分子则需要几小时，甚至长达十几小时。这是因为温度、压力、引发剂的用量和引发剂的性质以及单体的纯度都会对聚合物时间产生影响，所以聚合时间不是一个孤立的因素。

在高分子合成工业生产中常用提高聚合温度的办法使剩余单体加速聚合，以达到较高的转化率。通常，当转化率达到 90% 以上时立即终止反应，回收未反应的单体，此时，不能靠延长聚合时间来提高转化率，如果用延长聚合时间的办法来提高转化率将会使设备利用率降低，这是不经济的。

四、聚合装置

1. 聚合釜的传热

悬浮聚合用聚合釜一般是带有夹套和搅拌的立式聚合釜。夹套能帮助聚合过程中产生的大量的聚合热及时、有效地传出釜外。近年来，聚合釜向大容积方向发展，但釜的容积增大，其单位容积的传热面积减小。

2. 搅拌

搅拌在悬浮聚合中能影响聚合物粒子形态、大小及粒度分布。搅拌使单体分散为液滴，搅拌叶片的旋转对液滴所产生的剪切力的大小，决定了单体液滴的大小。剪切力越大，所形成的液滴越小。搅拌还可以使釜内各部分温度均一，物料充分混合，从而保证产品的质量。

3. 黏釜壁

进行悬浮聚合时，被分散的液滴逐渐变成黏性物质，搅拌时被桨叶甩到釜壁上而结垢。结垢后使聚合釜传热效果变差，而且，当树脂中混有这种黏釜物后，加工时不易塑化。

4. 清釜壁

目前，用高压水冲刷釜壁除去黏釜物。高压水的压力在 15～39MPa，此法不损伤釜壁，劳动强度小，效率高，减少了单体对空气的污染，维护了工人的健康。另外，还可以用涂布法减轻黏釜，即在釜壁涂上某些涂层。

【活动 5-5】 智能化模拟工厂——聚氯乙烯装置"摸"设备。根据图纸查找工艺设备，分小组对照工艺模型描述主要设备名称及位置，完成表 5-4。

表 5-4 聚氯乙烯装置主要设备表

序号	设备名称	个数	设备位号	设备作用
1				
2				
3				

续表

序号	设备名称	个数	设备位号	设备作用
4				
5				

【活动 5-6】 智能化模拟工厂——聚氯乙烯装置，确定其物料名称和走向。根据图纸，分小组对照工艺模型查找主要物料线，完成表 5-5。

表 5-5 聚氯乙烯装置主要物料线

序号	物料名称	走向
1		
2		
3		
4		
5		

【活动 5-7】 智能化模拟工厂——聚氯乙烯装置，掌握其主要工艺参数。根据图纸，分小组对照工艺模型描述主要工艺参数是如何进行控制并描述流程。完成三个活动后，在教师指导下根据表 5-6 进行评分。

表 5-6 工艺流程描述评分标准

序号	考核要点	配分	评分标准	扣分	得分	备注
1	设备位置对应清楚	20	出现一次错误扣 5 分			
2	物料管路对应清晰	20	出现一次错误扣 5 分			
3	设备内物料变化能够描述	10	出现一次错误扣 5 分			
4	物料流动顺序描述清晰	20	出现一次错误扣 5 分			
5	工艺参数控制描述清晰	20	出现一次错误扣 5 分			
6	其他	10	语言流畅，描述清晰			
	合计	100				

 技能训练

阅读图 5-3，在 A4 幅面的图纸上，绘制出此工段的工艺流程图，并在现场熟悉流程。

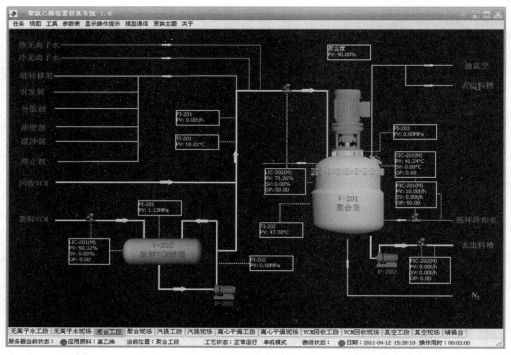

图 5-3　聚氯乙烯聚合工艺流程图

　拓展阅读

　　张恒珍是中国石化集团公司茂名分公司化工分部裂解车间班长、首席技师。22年来，她严细实恒、勤奋刻苦，时刻以党员的标准严格要求自己，由一个只有中专学历的普通女技工，成长为关键时能"一锤定音"解决生产技术难题的操作大师，为茂名石化乙烯工程创造多项国内纪录、达到国际先进水平立下汗马功劳。

　　1994年，张恒珍从兰州化工学校毕业后分配到中石化茂名分公司工作。从工作第一天起，她就立志为石化事业多做贡献。为实现目标，她埋头钻研乙烯技术，认真研读技术资料，工作中争创一流。

　　一分耕耘，一分收获。在2004年全国石油石化行业职业技能竞赛中，张恒珍与其他5名同事一起，取得了团体第二名的成绩。她个人也夺得集团公司第二名的好成绩，成为300多名选手中唯一获奖的女选手。

　　敢于担当、不怕苦累，经常不分昼夜"泡"在装置现场，充分发挥党员先锋模范带头作用。同事们清晰地记得：在全国首座百万吨乙烯装置建设过程中，张恒珍带领车间技术人员认真抓实设计审查、开停车方案编写和中控操作系统（DCS）组态调试，先后发现并解决了37项工程基础设计问题，查出制约装置长周期安全生产的瓶颈问题105项和仪表问题556项，为百万吨乙烯顺利建成投产做出了突出贡献。

参考文献

［1］ 李萍萍，李勇．石油加工生产技术［M］．北京：化学工业出版社，2015.

［2］ 江会保．化工制图［M］．北京：机械工业出版社，2003.

［3］ 周长丽，田海玲．化工单元操作［M］．2版．北京：化学工业出版社，2015.

［4］ 李萍萍．化工单元操作［M］．北京：化学工业出版社，2014.

［5］ 闫晔，刘佩田．化工单元操作过程［M］．北京：化学工业出版社，2008.

［6］ 夏清，陈常贵．化工原理（上、下）［M］．天津：天津大学出版社，2006.

［7］ 杨祖荣．化工原理［M］．北京：化学工业出版社，2004.

［8］ 厉玉鸣．化工仪表及自动化［M］．北京：化学工业出版社，2006.

［9］ 杨雁．化工图样的识读与绘制［M］．北京：化学工业出版社，2013.

［10］ 周泽魁．控制仪表与计算机控制装置［M］．北京：化学工业出版社，2002.

［11］ 郭泉．认识化工生产工艺流程［M］．2版．北京：化学工业出版社，2014.

［12］ 王树青，乐嘉谦．自动化与仪表工程师手册［M］．北京：化学工业出版社，2010.

［13］ 威尔克斯，萨默斯，丹尼尔斯．聚氯乙烯手册［M］．乔辉，译．北京：化学工业出版社，2008.

［14］ 先员华，陈刚．聚氯乙烯生产工艺［M］．北京：化学工业出版社，2013.

［15］ 蔡夕忠．化工工人岗位培训教材：化工仪表［M］．2版．北京：化学工业出版社，2010.